수소에너지 제조기술개발
동향 보고서

(주) BP 기술거래

목　　차

Ⅰ.수소에너지 제조기술

1. 기술의 개요 및 특성

수소는 원자번호 1번의 가장 가벼운 원소로, 상온에서는 무색·무취의 기체 상태로 존재한다. 에너지 관점에서 수소는 에너지 운반체로서 활용된다. 즉, 스스로 1차 에너지원이라기보다는 전기나 열 등의 에너지를 이용해 만들어져 저장·이송되었다가, 필요할 때 연소하거나 연료전지 등을 통해 다시 에너지를 방출하는 2차 에너지의 성격을 가졌다. 수소를 연소하거나 연료전지로 전기에너지로 전환할 때 발생하는 부산물은 물(H_2O)뿐이므로, 에너지원으로 이용 시 온실가스나 유해 배출물이 거의 없는 청정에너지로 여겨진다. 이 때문에 수소는 화석연료로 인한 기후변화와 대기오염 문제를 해결할 대안으로 부각되었다.

다만 수소는 자연계에 단독 기체 형태로 풍부히 존재하지는 않았고, 주로 물(H_2O), 탄화수소(석유·천연가스 등), 유기물 등 다른 물질에 결합된 형태로 존재한다. 따라서 에너지원으로 이용하기 위해서는 이러한 화합물로부터 별도의 제조 공정을 통해 순수한 수소 기체를 추출해야 했다. 수소의 제조에는 원료와 방식에 따라 다양한 기술이 활용되었는데, 현재까지 산업적으로 가장 널리 쓰인 방법은 화석연료로부터 수소를 추출하는 방식이었다. 그러나 이 경우 제조 과정에서 이산화탄소(CO_2)가 다량 배출되는 한계가 있었다. 한편, 물을 전기 분해하거나 미생물을 이용하는 등 청정한 경로로 수소를 생산하려는 노력도 꾸준히 이루어졌다.

수소는 높은 발열량과 경량성이라는 특징을 가지고 있었다. 수소의 무게 당 에너지 밀도(연소시 발생 열량)는 약 120 MJ/kg로 휘발유의 3배 이상으로 매우 높았다. 그러나 부피 당 에너지 밀도는 상온 기체 상태에서는 낮아서, 상압 기체 수소 1Nm^{3}의 발열량은 약 10MJ에 불과했다. 따라서 수소를 저장·수송하기 위해서는 압축 가스(수십 MPa 고압) 형태나 액화 상태(-253℃의 극저온 액체)로 만들어 에너지 밀도를 높여야 했다. 이는 추가적인 에너지 소모와 비용을 유발하는 요인이었다. 또한 수소는 인화성이 높고 폭넓은 가연범위(공기 중 부피비 4~75%)를 가져 취급 시 엄격한 안전 관리가 필요했다. 그럼에도 불구하고 수소는 전기에너지와 달리 대량 저장이 가능하고, 연소 속도가 빠르며 내연기관이나 터빈 연료로도 사용 가능하다는 장점을 지녔다. 특히 재생에너지로 생산한 전기를 수소 형태로 저장했다가 필요 시 사용하는 "파워-투-가스(P2G)" 전략은 간헐성 문제를 해결할 방법으로 주목받았다.

요약하면, 수소 에너지는 친환경성과 저장성 측면에서 미래 에너지 체계의 한 축으로 각광받아 왔다. 수송용 연료(연료전지 자동차, 선박 등), 발전용 연료(수소 터빈, 연료전지 발전) 및 산업용 원료(철강환원, 암모니아 합성 등) 등 다양한 분야에서 수소 활용이 확대되는 추세였다. 이에 따라 수소를 경제적으로 대량 생산할 수 있는 기술 개발이 중요한 과제로 대두되었다.

따라서 본서에는 주요 수소 제조기술의 종류별 개요와 원리, 그리고 각 기술의 장단점과 상용화 수준, 적용 분야 등을 서술해보고자 한다.

2. 수소 제조기술

수소에너지는 물을 전기분해하여 얻거나 화석연료를 수증기 개질 또는 부분산화하여 얻을 수 있다. 또한 바이오매스를 가스화 혹은 탄화시켜 얻을 수도 있다. 수소에너지는 태양광, 태양열 화석연료와 같은 1차 에너지를 변환시켜 얻을 수 있는 2차 에너지이다. 수소는 모든 에너지자원으로부터 에너지 변환에 의하여 얻을 수 있는 효율적인 에너지 변환 매체이며, 화학공업 및 전자공업 등 광범위한 분야에서 사용되는 기초원료물질이고, 연료이다.

수소는 자연 상태에서 혼합물이나 화합물로 존재한다. 수소제조는 이미 지적한 데로 물, 석유, 석탄, 천연가스 및 가연성 폐기물로 다양하게 출발할 수 있다. 수소로의 전환공정은 전기, 열 및 미생물 등을 사용하여야만 가능하며, 수소를 제조할 수 있는 여러 기술들은 기초연구 내지 기술개발단계에 있는 것이 대부분이다. 현재 상용화된 수소제조방법은 거의 석유나 천연가스를 수증기 개질한 것이다.

또 다른 방법으로 수소는 열화학적 또는 광촉매를 활용하여 혹은 생물학적 기술로 제조할 수 있다. 이상적인 수소 생산방법은 태양광을 이용하여 물에서 수소를 얻는 방법인데 이를 위하여 광촉매활용 기술, 열화학적 수소제조, 생물학적 기술로 가장 풍부한 자원인 물과 태양에너지를 이용하여 수소를 생산하는 기술을 확립하려고 노력하고 있다.

현재 세계적으로 수소 생산의 48%는 천연가스를 원료로 하고 있으며, 특히 미국의 경우 95%의 수소는 스팀 메탄 개질방법으로 생산하고 있다. 반면 국내에서는 천연가스나 메탄올을 원료로 사용하는 소형 개질기를 국내에서 개발하여 연료전지 실험 및 소규모 용도로 수 기 제작하여 사용하였으나, 대부분의 화학원료로의 수소는 나프타를 열분해하여 제조하고 있다.

미국 DOE는 2050년까지의 단기, 중기 및 장기로 수소이용 확대를 예측하면서 단기에는 주로 천연가스 고효율 스팀 개질기가 개발되어 수소를 제조하고, 중기에는 천연가스 개질에 더하여 석탄 가스화나 바이오매스 열분해를 통해 수소를 제조하는 경향이 증가하게 되고 장기적으로는 태양전지나 풍력발전을 이용한 물의 전기분해로 수소가 제조될 것으로 예측하였다.

우리나라는 천연가스 대 소비국이며 파이프라인 구축이 잘 이루어진 상태로 앞으로 천연가스의 수요는 더욱 증대될 것이다. 이러한 이유로 천연가스를 이용한 수소제조기술에 관심을 갖고 천연가스 수증기 개질, 부분산화, 플라스마이용 등의 기술에 대하여 설명하였으며, 그 외에 생물학적 수소 생산기술, 물의 전기분해 및 열화학 사이클에 의한 수소 제조 등에 대하여도 간단히 기술하였다.

1) 천연가스이용 수소 제조기술

전술한 바대로 세계적으로 거의 절반의 수소 생산은 천연가스가 원료이며, 미국의 경우 95%의 수소는 스팀 메탄 개질방법으로 생산하고 있다. 반면 우리나라에서는 대부분의 수소 생산은 나프타를 열분해하여 얻고 있다. 우리나라는 전국 천연가스 공급배관망의 인프라 구축이 잘 이루어진 실정이며 천연가스 소비국으로 앞으로 공급이 더욱 증대될 것이다. 이러한 이유로 천연가스를 이용한 수소제조기술에 관심을 갖고 천연가스 개질 수소 제조기술 동향을 검토하였다. 본고에서는 천연가스 수증기 개질, 부분산화, 플라스마 이용 등의 기술에 대하여 조사하였다.

(1) 수소제조원

오늘날 대부분의 수소는 〈표 1〉에서 보는 바와 같이 화석연료로부터 생산되고 있으며, 세계적으로는 48%의 수소 생산이 천연가스를 원료로 하고 있으며, 30%가 오일, 18%가 석탄을 원료로 하며, 나머지 4%는 전기분해로 생산한다. 전기분해는 순도가 높은 수소를 생산할 수 있는 장점이 있으나 제조방법으로 널리 채택되기 위해서는 가격이 저렴한 신・재생에너지 이용기술이 실용화되어야 한다.

원료원	세계 생산비율 (%)
천연가스	48
기름	30
석탄	18
전기분해	4

표 1 수소제조원

자료 : 한국에너지기술연구원

수소제조는 대부분 화석연료를 원료원으로 사용하며, 제조공정에서 반응온도를 고온으로 유지하기 위한 열원으로 화석연료를 사용하게 되어 반응 생성물에는 이산화탄소가 부수적으로 생성된다. 참고로 현재 이용되고 있는 개질기술에 따라서 수소 1몰을 생산할 때 발생되는 이산화탄소의 몰 비(CO2/H2)를 〈표 2〉에 나타내었다.

CO2/H2	개질기술
0.25	수증기 메탄 개질법
0.31	수증기 펜탄 개질법
0.33	메탄 부분 산화법
0.59	중유 부분 산화법
1.0	석탄 부분 산화법

표 2 개질기술에 따른 수소 대 이산화탄소 생산비율

위의 〈표 2〉에서 보는 바와 같이 개질기술 가운데 천연가스의 수증기 개질방법이 이산화탄소를 가장 적게 배출하는 공정기술이며 부분산화법이 상대적으로 더 높은 이산화탄소 발생량을 보여준다. 그리고 탄화수소원료가 중질일수록 이산화탄소의 배출량이 증가하며 화석연료 중에는 석탄이 이산화탄소를 가장 많이 배출한다.

(2) 천연가스 개질기술

천연가스를 원료로 한 기술 수준별 여러 가지의 개질기술이 있으며 현재 상용화 혹은 연구 중인 기술을 〈표 3〉에 나타내었다. 여기에서 천연가스를 원료원으로 사용하여 수소를 제조하는 방법으로 주로 이용되는 기술은 수증기 개질법과 부분산화법이며, 그 외의 기술들은 이 두 가지 기술을 근간으로 하여 파생된 변형기술들이라고 할 수 있다.

원료원	기술 수준	기술의 종류
천연가스	재래방식	스팀 개질
		비 촉매 부분산화
		자열 개질
		CO2 개질
		직접분해
	첨단방식	촉매 부분산화
		플라스마 촉매 개질
		흡착부과반응

표 3 천연가스 이용 주요 수소제조기술
자료 : 수소연료 첨단제조기술 및 경제성 비교연구

① 수증기 개질법(steam reforming)

천연가스 수증기 개질은 수소 생산에서 가장 저렴한 방법으로 여겨지고 있으며, 세계 총 수소 생산의 거의 절반을 이 방법으로 제조하고 있다. 스팀을 온도 700~1,100℃, 메탄과 혼합하여 촉매 반응기에서 압력 3~25bar로 반응하며 생산성을 증가시키기 위해서 계속 새로운 방법을 개발하고 있다. 연간 수소 생산 100,000톤 규모의 큰 스팀 개질기 하나로 약 100만 대의 연료전지 자동차에 공급할 수 있다. 작은 규모의 수소 생산을 위한 수증기 개질기에는 재래식 소형 개질기와 연료전지를 위해서 특별히 제작한 개질기 두 가지 종류가 있다. 현재 연료전지를 위해 개발한 개질기는 간결하면서도 종전의 소형 개질기 보다 낮은 온도와 압력에서 작동한다.

천연가스 수증기 개질법은 매우 일반적으로 사용하는 방법이다. 많은 반응들은 시스템 상에서 존재하는 산소에 기인한 반응을 수반하지만 전체적인 화학적 변환은 일반적으로 다음과 같다.

$$CH_4 + H_2O = CO + 3H_2$$
$$CH_4 + 2H_2O = CO_2 + 4H_2$$

위 식들의 반응은 높은 흡열반응이다. 따라서 스팀 개질에서는 높은 온도에서 촉매를 첨가하여 반응을 촉진시킨다. 이 반응에서 보는 바와 같이 수소는 메탄과 물 모두에서 분리되어 생산되기 때문에 높은 수소 생산 수율이 가능하다.

현재는 다양한 수소/탄소 비를 갖는 원료를 처리할 수 있는 수증기 개질공정이 전 세계적으로 약 400여기가 보급되어 있다. 수증기 개질공정의 단위반응공정은 기본적으로 전처리공정인 수소화 탈황 및 흡수공정, 수증기 개질공정, 수성가스 전이공정 그리고 가스 제거공정으로 구성되어 있다. 이들 각 단위공정의 특성을 다음에 설명하였다.

□ 수소화탈황 및 흡수공정

수증기 개질을 위한 원료인 천연가스에는 주성분인 메탄 외에 경질의 탄화수소(C_2H_6, C_3H_8, C_4H_{10}, C_{5+} 등), 질소, 이산화탄소, 그 외에 미량(ppm)의 황 화합물(H_2S, COS, -SH 등)이 포함되어 있다. 이 원료를 수증기 개질기에 도입하기 전에 유황 성분의 농도를 반드시 0.2 ppm 이하로 낮춰야 하며 이를 위해 수소화탈황 및 zinc oxide 처리가 필요하다.

수소화탈황반응은 발열반응으로서 통상적인 반응조건은 반응온도가 350~400℃, 압력은 상압 ~70기압, 그리고 Co-Mo/Al_2O_3 촉매에서 반응한다. 반면 zinc oxide 처리반응은 흡열반응으로 수소화탈황 반응을 통해 생성된 유화수소를 제거하기 위한 후처리공정이라 할 수 있다. 일반적인 반응조건은 반응온도 350~400℃, 압력은 상압 ~40 기압이다.

□ 수증기 개질공정

수증기 개질공정은 천연가스를 개질시킴으로써 수소를 생산하는 반응공정으로 부분산화 및 자열 개질공정에 비하여 메탄 1몰 당 수소 생산 수율이 가장 높으므로 가장 경제적인 수소 생산방법이다. 그러나 평형반응에 의한 반응속도가 느리므로 공정규모가 커야 함과 동시에 부하변동에 대한 정상상태로의 응답특성이 느린 단점이 있다. 그럼에도 불구하고 수증기 개질의 이점은 물과 메탄가스분자에 포함된 수소를 최대한 추출해내는 것에 있다. 이때 진행되는 반응은 주반응인 개질반응과 부반응인 수성가스 전이반응의 두 가지이며 반응식은 아래와 같다.

$$CH_4 + H_2O = CO + 3H_2,\ \Delta H = +49.7\ \text{kcal/mol}$$
$$CO + H_2O = CO_2 + H_2,\ \Delta H = -10\ \text{kcal/mol}$$

개질반응은 강한 흡열반응이며 고온 및 저압조건에 의하여 정반응의 진행이 유리하다.

반면 전이반응은 온화한 발열반응으로 저온이 유리하며, 압력은 거의 영향을 미치지 않는다.

메탄의 수증기 개질반응은 메탄에 대해서는 1차 반응으로 알려져 있지만 다른 파라미터에 대해서는 일정하지 않다. 이유로는 사용촉매 및 반응조건 혹은 열 및 물질전달 저항 요인에 따라 다를 수 있기 때문이다. 촉매의 이용효율 제고 측면에서는 입자 크기를 작게 하면, 활성이 높아지게 되지만 압력손실이 높아지게 되므로 확산저항이 존재하더라도 적절한 크기의 촉매(직경 : 17mm, 길이 : 17, 10 혹은 6 mm)를 사용하고 있다.

수증기 개질반응에 있어서 촉매가 사용되는 반응조건은 반응온도가700~850℃, 압력은 상압 ~40기압, 그리고 공간속도 3,000~6,000hr-1 정도이며, 촉매구성은 내열성 담체(α-알루미나 혹은 칼슘-알루미네이트)에 환원된 니켈이 담지(약 10~12% 정도)되어 있는 형태이므로 표면적이 10 m2/g 이하가 된다.

일반적으로 널리 사용되는 촉매로서 ICI 25-4와 ICI 57-4의 물성을 〈표 4〉에 나타내었다.

Catalyst	ICI 25-4	ICI 57-4
length(mm)	19.3	19.3
OD(mm)	14	14
holes(mm)	4X4	4X4
charged density(g/cc)	0.9	0.85
composition	nickel oxide dispersed on a calcium aluminate ceramic support promoted with alkali	nickel oxide dispersed on a calcium aluminate

표 4 ICI 수증기 개질촉매의 물성

□ 수성가스 전이공정

수증기 개질기에서 배출되는 CO의 농도는 약 7~12%로 상당히 높은 수준이므로 이를 낮추기 위한 반응공정으로서 수성가스 전이(water gas shift) 반응이 필요하다. 이 반응은 일차로 생성된 일산화탄소가 수증기와 반응함으로써 이산화탄소로 전환됨과 동시에 수소농도를 증가시키게 되며 반응식은 다음과 같다.

$$CO + H2O = CO2 + H2 \ \Delta H = -10 \text{ kcal/mol}$$

앞의 전이반응은 온화한 발열반응(△H = -41 kJ/mol)으로 평형상수가 온도증가에 따라 감소하게 되므로(K = 4.099x10 at 300℃, 2.359x102 at 200℃), 높은 전환율을 위해서는 저온반응이 유리하며 압력에는 영향 받지 않는다. 그리고 양론비 이상의 수증기를

공급할 경우, 전환율이 상승하게 된다.

기존 사용하는 촉매에 대해서는 물성과 조성이 잘 알려져 있으나, 새로 개발된 고온용(ICI-71-5)과 저온용(ICI 83-3) 전이촉매는 구체적인 조성이 알려져 있지 않다. 고온용은 크기는 직경이 9mm, 높이는 5mm이다. 또한 bulk density는 1.25g/cc이며 저온 전이촉매의 크기는 직경 5.2mm, 높이 3.0mm이다. 그 외에 BET 값, pore vol, 조성 등은 발표되지 않았다.

□ 가스 제거공정

약 20% 정도의 CO2가 수성가스 전이공정을 통과한 가스 중에 포함되어 있다. 이를 CO2 흡수공정에서 흡수제(MEA 혹은 K2CO3)를 사용하여 흡수하고 흡수한 흡수제는 분리탑에서 재생하게 되며 다시 CO2 흡수에 사용한다.

이산화탄소 제거공정에서 배출되는 가스는 0.4%의 CO와 0.1% 정도의 CO2이다. 이는 촉매독이 되므로 메탄반응공정에서 Ni 촉매의 존재 하에 수소와 반응하여 메탄 생성반응을 진행시켜 제거한다. 이때 수소의 사용은 양론비의 3~4배를 사용하게 되므로 가능한 한 전이반응공정 및 CO2 흡수공정에서 CO와 CO2를 제거하는 것이 유리하다. 이렇게 하여 제조된 수소는 약 92~98%의 조성을 갖는다.

PSA(압력스윙흡착) 공정을 적용하면 저온 CO 전환공정, CO2흡수 및 재생, 메탄반응공정을 생략하고 바로 높은 순도의 수소를 생산할 수 있다. 재래식공정은 흡수액에 의한 부식문제, 운전관리문제, 저온전환반응의 촉매, 그리고 재생에 필요한 에너지 등의 복잡한 점이 많고 수소 순도도 낮은 단점이 있으나 PSA공정을 택함으로써 높은 순도의 수소를 얻을 수 있고, 시스템을 단순화할 수 있는 장점들이 있다.

② 부분산화법

천연가스의 부분산화공정은 약한 발열반응이며 외부로부터 열의 공급이 필요 없으므로 에너지 효율면에서 장점이다. 일반적으로 부분 산화에 관여되는 반응은 크게 4가지로, 연소반응, 수증기 개질반응, CO2 개질반응, 그리고 부분산화반응을 수반하지만 전체적인 화학적 변환은 일반적으로 CH4 + 1/2 O2 → CO + 2H2이다.

부분산화반응(CH4 + 1/2 O2 → CO + 2H2)은 천연가스와 적은 양의 산소와의 반응으로 이루어지며, 수소와 일산화탄소가 주요산물이다. 메탄의 부분산화반응은 산소가 소요될 때까지의 메탄가스의 빠른 연소와 이에 뒤 따른 수소와 일산화탄소가 생성되는 비교적 느린 반응으로 이루어진다. 이 반응은 특정한 환경에서는 스스로 유지되고, 최소의 에너지 비용으로 높은 수준의 변환을 일으킬 수 있는 장점이 있다. 그러나 반응온도에

따라 차이는 있으나, 수소와 CO 외에 CO_2, C(고체, soot), H_2O 등이 1,200℃까지 소량으로 나온다. 공기를 산소원으로 사용할 때는 NO_x가 배출되는 단점이 있다.

□ 반응화학

일반적으로 천연가스 부분산화에 관여되는 반응은 크게 4가지로 아래와 같다.

- 수증기 개질 : $CH_4 + H_2O \rightarrow CO + 3H_2$ ΔH^0_{298} = 206 kJ/mol
- CO_2 개질 : $CH_4 + CO_2 \rightarrow 2CO + 2H_2$ ΔH^0_{298} = 247 kJ/mol
- 부분산화 : $CH_4 + 1/2\ O_2 \rightarrow CO + 2H_2$ ΔH^0_{298} = -36 kJ/mol
- 연소 : $CH_4 + 2O_2 \rightarrow CO_2 + 2H_2O$ ΔH^0_{298} = -801 kJ/mol

촉매를 이용한 메탄의 부분산화는 단일반응기 내에서 발열반응과 흡열반응의 조합으로 진행된다. 메탄의 부분산화반응에서 가장 큰 문제점은 촉매층 내에서의 극심한 온도편차이며, 이는 촉매층 입구의 연소반응에 의해 경우에 따라서 1,000℃ 이상까지 높아지기도 한다. 이러한 현상은 촉매의 소결현상에 의한 비활성화를 야기할 수 있고, 폭발의 위험이 있으므로 높은 온도에서 견딜 수 있는 반응기의 제작을 요구한다.

촉매 Rh은 가장 좋은 활성, 선택성 및 안정성이 있는 것으로 알려져 있으며, 반응경로에 있어서는 두 가지를 생각할 수 있다. 첫째는 메탄의 일부가 완전 연소하여 CO_2와 H_2O를 생성한 후 잔존하는 메탄과 개질반응을 통해 CO와 H_2를 생성하는 경로, 둘째는 CO_2와 H_2O의 중간체를 거치지 않고 곧바로 CO와 H_2를 생산하는 경로이다. 첫 번째 경로가 더 뒷받침되고 있는데, 그 이유는 촉매층 입구에서 급격한 온도 절정치가 발견되는데 이는 높은 열을 발생시키는 메탄의 연소반응 때문이다. 그러나 높은 온도(1,000℃), 높은 공간속도 하에서는 메탄이 H_2O와 CO_2를 거치지 않고 직접 CO와 H_2를 생성하는 것으로 알려져 있다.

이론적으로는 천연가스를 직접 합성가스로의 전환이 가능하지만, 실질적인 조업조건상 1,000℃에서 공정을 운전하기란 매우 어려운 일이다. 따라서 1,000℃보다 낮은 온도에서 직접 합성가스를 얻기 위해 압력을 높여(20 bar) 공정을 운전할 수도 있으나 안전상의 문제를 고려하여 1,000℃보다 훨씬 낮고, 상압에서 직접 CO와 H_2가스를 얻을 수 있는 촉매의 개발이 요구되고 있다. 현재 여러 가지 촉매물질들이 개발되었거나 개발 중에 있다. 부분산화에서 얻은 합성가스는 PSA(압력스윙흡착) 공정을 적용하면 합성가스를 분리하여 높은 순도의 수소를 얻을 수 있다.

□ 반응기구

천연가스를 부분산화시켜 합성가스를 얻는 반응 메커니즘은 반응기 종류 및 촉매 그리고 조업조건에 따라 약간의 차이가 있는 것으로 알려져 있다. 촉매로 Pt 스펀지를 적용하여 메탄을 부분산화시켜 합성가스를 제조할 수 있으며, Ni/Al_2O_3촉매를 사용하여 합성가

스를 제조할 수도 있다. 촉매로 Pt 스펀지를 적용하여 메탄을 부분산화 시켜 합성가스를 제조하는 반응 메커니즘을 〈그림 1〉에 나타내었다.

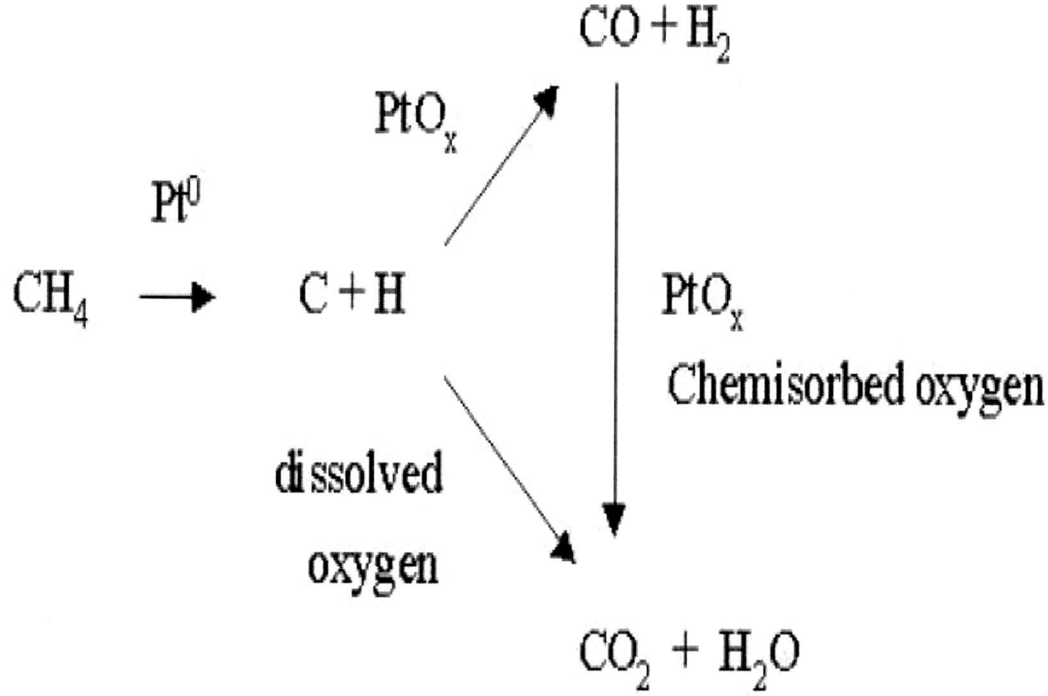

그림 1 천연가스의 부분산화반응 네트워크

〈그림 1〉은 천연가스의 부분산화반응에 의한 합성가스제조네트워크를 나타내며 산소 존재 하에 백금스펀지 촉매를 사용하여 온도 973K~1073K에서의 반응네트워크이다.

메탄은 환원 Pt 상에서 표면탄소와 수소원자로 해리되며, 메탄 또는 메탄/산소와 일부 산화된 촉매 사이에서 carbon 퇴적은 발생되지 않고, PtO2뿐만 아니라 Pt를 함유하고 있는 고체혼합물 형태가 존재한다. 이러한 고체혼합물 형태는 1,100K에서도 일정한 형태를 유지한다. 메탄은 PtOx 형태로 존재하는 산소와 화학흡착된 산소 종들에 의해 CO와 H2는 연속적으로 산화되어 CO2와 H2O를 형성하며, 이러한 반응은 온도가 상승할수록 더욱 심화된다.

메탄과 산소가 양론비로 공급될 때 CO와 H2가 직접 생성되며 곧이어 연속적인 산화반응에 의해 CO2와 H2O가 생성된다. 이러한 공정은 선택적 산화반응에서 redox cycle mechanism을 따른다. 이러한 redox cycle에 대한 결과가 알려졌다. Ni/Al2O3촉매를 사용하여 합성가스를 제조한 내용을 〈그림 2〉에 나타내었다.

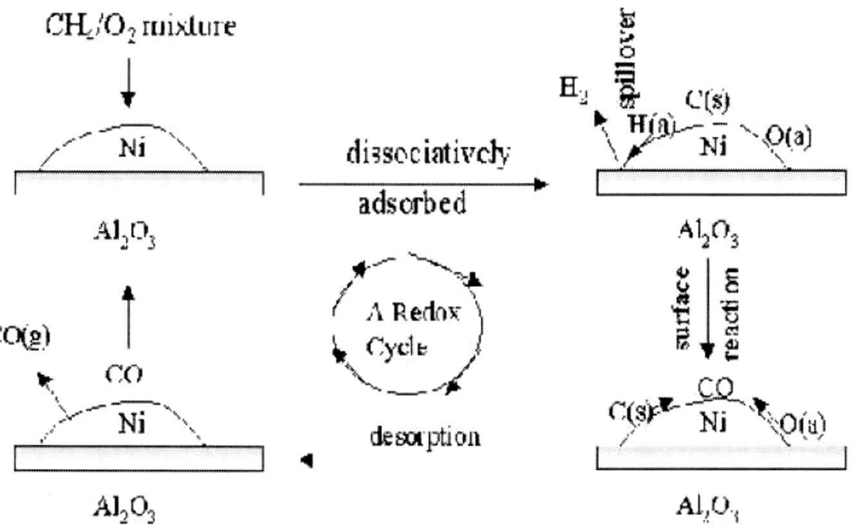

그림 2 Ni/Al2O3 촉매 상에서 CH4/H2의 합성가스 반응 메커니즘

메탄과 산소가 양론비로 유입될 때 CH4가 열분해되어 CO와 H2를 생산하고 redox cycle을 따른다. 이러한 redox cycle은 Ni0 site에서 CH4가 해리를 시작으로 NiOx 형태로 존재하는 흡착된 산소가 탄소에 의해 환원되고, 촉매내부로 유입되는 O2에 의해 다시 산화되는 과정을 반복하여 redox cycle이 진행된다. 이 과정에서 반응의 중요한 관건은 CH4 열분해로 알려져 있다. 그러나 메탄을 부분산화시켜 합성가스를 제조하는 공정은 촉매설계, 반응기 종류, 공정 운전조건 등에 따라서 성능 및 효율이 달라질 수 있으므로 이를 위한 기술개발 노력이 다각도로 진행 중에 있다.

③ 플라스마이용 천연가스분해 수소제조

플라스마는 고온플라스마와 저온플라스마로 구분되는데 아크의 경우처럼 10,000K까지 올라가는 경우를 고온플라스마라 하고, 글로우 방전(glow discharge)과 같이 온도가 1,000K 미만인 경우를 저온플라스마로 분류한다. 또한 저온플라스마와 고온플라스마를 나누는 기준은 플라스마를 구성하는 이온과 전자 중 어느 쪽이 에너지를 많이 가지는가에 따라 구분한다. 플라스마를 이용한 가스분해에는 저온플라스마를 이용하는 방법과 고온플라스마를 이용하여 분해하는 방법이 있다.

□ 저온플라스마를 이용한 가스분해

저온플라스마 방전방법은 전자빔 방전(electron beam discharge)과 함께 첨가가스를 동시에 이용하는 전기물리학적으로 신기술이다. 저온플라스마를 이용한 가스분해기술은 코로나 방전 등을 일으켜 여기서 발생된 활발한 전자들이 반응기 내부에서 가스를 여기, 절리시킴으로써 화학반응을 일으키는 것이다. 이 방법은 반응기의 전극형태와 전력공급에 의존하며, 광범위하게 이용되어 다양한 가스물질의 처리에 적용될 수 있다.

□ 고온플라스마를 이용한 가스분해

플라스마는 매우 고온의 성질을 가지고 있어 전자, 이온, 여기된 원자 및 분자로 이루어져 있으며 전기적, 화학적 그리고 열적으로도 보통의 기체와는 매우 다른 성질을 갖는다. 플라스마는 원자나 분자에 속박되지 않은 전자를 많이 가지고 있어 외부에서 기장을 가하면 전류를 흘릴 수 있는 특성이 있다.

화학적 성질은 플라스마 내의 전자는 활발한 열운동을 통하여 기체원자나 분자를 여기, 해리시킬 수 있기 때문에 사용하는 기체의 종류에 따라서 플라스마 내에서 또는 플라스마와 접하고 있는 고체의 표면상에서 화학반응을 일으킬 수 있는데 이는 일반적인 화학반응 공정에서 얻을 수 없는 열적으로 비평형상태에서 일어날 수 있는 초고온 화학반응을 이용하여 가스분해를 구현할 수 있다.

천연가스를 가스분해시키기 위하여 전리를 위한 작업용 기체로는 질소 또는 아르곤이 사용되며 음극과 양극은 물에 의해서 냉각되고 절연체에 의해서 절연되어 있다. 방전되는 전자의 에너지가 질소나 아르곤을 전리시켜서 플라스마 상태를 만들어 고온의 환경을 만들고 이 환경에서 연료가스가 분해되어 수소가 생성된다.

○ 고온플라스마의 특징

열 플라스마라는 것은 수천도의 극히 높은 온도, 높은 분해능 및 높은 이온화능으로 특정 짓는 물질의 고에너지상태를 말한다. 고온은 연료의 개질공정에서 필요한 여러 반응들을 촉진시키는 효과가 크다. 열 플라스마기술은 메탄이나 여러 연료로부터 수소 혹은 수소부하가스를 생산하는 데 효과적이다.

열 플라스마는 전자뿐만 아니라 이온과 원자라고 하는 무거운 입자도 높은 온도의 고온범위에 있고, 에너지 밀도가 크고, 피열 물질을 단시간에 고온화할 수 있다. 또한 열 플라스마 속에 존재하는 전자와 이온 등의 하전입자를 활용할 수 있다. 이 외에도 열 플라스마의 특징은 라디칼의 생성이 용이하기 때문에 이것을 화학반응에 이용 가능하다. 예를 들면 수소플라스마에 의해 수소라디칼을 만들고, 그것을 반응성물질에 더해 반응을 촉진한다. 열 플라스마는 분위기를 자유롭게 선택할 수 있으며, 아르곤이나 질소, 수소 등을 선택할 수 있는 장점이 있다.

④ 기타 개질기술(방법)

□ 자열 개질(Auto-thermal reforming)

자열 개질방법은 수증기 개질과 부분산화의 조합반응기술이라 할 수 있으며, 수증기 개질 흡열반응에 필요한 열을 부분산화발열반응에 의하여 자체 공급한다. 이 기술은 외부로부터의 열원이 필요 없으며 초기 시동의 신속성 및 부하변동에 대한 응답특성이 매우

빠른 특성을 갖게 되며 주 반응식은 아래와 같다.

$CH_4 + 1/2O_2 = CO + 2H_2$, ΔH = -9 Kcal/mol (부분산화반응)
$CH_4 + H_2O = CO + 3H_2$, ΔH = +49.7 Kcal/mol (스팀 개질반응)

천연가스, 스팀 그리고 산소가 혼합되어 버너에서 약 1250℃하에서 부분연소 되어 흡열반응에 필요한 열을 제공하게 되며 반응압력은 약 20 내지 70기압 정도이다. 주로 사용되는 촉매는 Pt-CrOx, Pt-Pd/알루미나, Pt-Rh, Ni/알루미나 등이다. 이 기술은 외부의 열원이 필요 없으며 산소를 덜 필요하게 되므로 공정의 경제성이 상대적으로 산소가격에 덜 민감하다.

□ CO2 개질(CO2 reforming)
CO2 개질반응의 주 반응식은 다음과 같다.

$CH_4 + CO_2 = 2CO + 2H_2$, ΔH = +58 Kcal/mol (CO2 개질반응)
$CH_4 + H_2O = CO + 3H_2$, ΔH = +49.7 Kcal/mol (스팀 개질반응)

CO2 개질방법은 아세트산, dimethyl ether, oxo-alcohols 제조공정에 적합한 합성가스($H_2/CO = 1$)를 생산하기에 적합한 기술로 스팀을 상대적으로 소량 사용하면서 대신 이산화탄소를 동시에 주입하게 된다. 따라서 과도한 수소 생성을 억제하여 H2/CO 비를 낮춤으로써 기존의 수증기 개질방법을 대체 할 수 있는 기술이다.

□ 직접분해(direct cracking)
직접분해반응의 주반응식은 $CH_4 = H_2 + C$이다. 즉 수소 제조를 위하여 일반적인 단위공정으로 포함되는 전이반응과 같은 이차적인 공정이 필요 없으며 카본블랙이 동시에 생산되는 공정으로 주로 카본블랙 제조를 위한 용도로 이용된다. 그런데 수소 생산 효율은 수증기 개질방법에 비하여 상대적으로 낮으며 주로 반회분식 공정으로 고온(1,400℃)의 반응조건이 필요하므로 이를 위한 열원이 많이 필요하다. 최근에는 반응온도를 낮추기 위한 직접분해 촉매를 개발하기 위하여 노력하고 있으며 주로 Fe, Ni/SiO2 촉매계가 대상이 되고 있다.

□ 흡착부과반응 개질(sorption enhanced reaction process)
천연가스로부터 수소를 생산하는 대부분의 공정에는 스팀-메탄 개질기가 사용되고 있는데 800~1000℃의 고온반응이므로 에너지가 많이 들고 생산되는 수소의 농도가 70~75%이므로 이를 정제하는 분리공정에도 에너지가 많이 소비된다. 따라서 반응과 분리가 결합된 흡착부과 반응공정(sorption enhanced reaction process)을 이용하여 반응온도를 400~500℃로 떨어뜨리고 수소의 농도도 95% 이상으로 생산되게 하여 반응생

성물의 수소정제설비를 단순화시키고, 수소제조에 소비되는 에너지도 15~30% 절감시키고자 최근에 시도되고 있는 새로운 수소제조기술이다.

흡착부과반응공정에서 주 반응식은 CH4 + 2H2O ⇌ 4H2 + CO2이므로 반응 생성물인 CO2를 흡착제를 이용하여 선택적으로 제거하면 반응물의 전환율과 반응속도가 증가될 수 있으며, 전환율을 반응만 있는 공정과 같게 유지할 경우에는 반응온도를 낮출 수 있으므로, 에너지 절약과 반응생성물의 분리에 소요되는 설비를 생략할 수 있게 된다.

따라서 흡착부과반응공정은 촉매와 흡착제가 함께 충전된 반응기를 이용하여 반응과 동시에 분리를 수행하는 공정이다. 스팀-메탄 개질반응(CH4 + 2H2O ⇌ 4H2 + CO2)에서 흡착제로 CO2만을 선택적으로 흡착함으로써 평형반응의 전환율을 높이는 원리를 이용하고 있으며, 두 개 이상의 반응기를 이용하여 압력스윙흡착(PSA)으로 운전을 하여 흡착제를 재생하고 고순도의 수소를 생산한다.

□ 수소 제조공정 비교
천연가스 개질에 의한 수소제조방법에서 가장 많이 사용하는 방법인 수증기 개질방법 외에 부분산화법, 그리고 수증기 개질법과 부분산화방법에 비하여 어려운 기술에 속하는 것으로 아려진 플라스마 이용 천연가스분해 수소제조방법을 비교하여 〈그림 3〉을 작성하였다.

수소 제조방법	CH_4 및 첨가물	반응온도 (℃)	수율 (%)	발생가스	특징	비고
스팀 개질법	CH_4/H_2O	800~900	75	수소, CO_2, CO	공정이 복잡함	가장 많이 상용중임
부분산화법	CH_4/O_2 (공기)	1,100~1,200	-	CO, CO_2, soot, H_2O, NOx	공해발생	에너지효율 높음
플라스마 개질법	CH_4, 디젤, 메탄올/O_2(공기)	2,000	~95	수소/CO	소형화, 이동형 액체원료가능	신기술

그림 3 천연가스 개질에 의한 수소제조방법의 비교

(3) 장점

천연가스 개질 기술은 오랜 기간 축적된 상용 기술로서 공정이 안정적이고 대규모 플랜트 운전 경험이 풍부했다. 기존 정유공장이나 암모니아 생산공장 등에서 수소가 대량 소비되어 왔기 때문에, 해당 산업에서 확립된 기술이었다. 원료인 천연가스는 다른 화석연

료 대비 탄소 함량이 낮아 수소 생산 단가가 비교적 저렴했고, 저장·운송도 용이하여 경제성이 매우 높았다. 또한 반응 속도가 빨라 연속 공정으로 대량생산이 가능했고, 부생열 회수 등을 통해 공정 효율을 높이는 통합 운전이 가능하였다.

(4) 단점

가장 큰 단점은 온실가스 배출이었다. 메탄 1몰로부터 수소 3몰을 얻는 과정에서 일산화탄소와 이산화탄소가 필연적으로 발생하여, 수소 1 kg 생산 당 약 5~7 kg의 CO_2를 배출하였다. 이러한 탄소배출 문제 때문에, 천연가스 개질 수소는 일명 "그레이 수소"로 불리며 친환경성이 떨어지는 것으로 평가되었다. 개질 공정에서 추가적인 에너지 투입이 필요하고 고온·고압 조건을 유지해야 하기 때문에 공정 설비 비용이 높고 에너지 소모가 크다는 점도 단점이었다. 또한 메탄 이외에 황 성분 등이 포함된 가스를 원료로 사용할 경우 촉매 독(poisoning)이 발생하여 촉매 수명이 짧아지는 문제도 있었다.

(5) 상용화 수준

천연가스 개질 기술은 현재 가장 성숙한 수소 생산 기술로, 세계 각지의 산업현장에서 대규모 상용 플랜트가 가동 중이었다. 화학공업용 수소(암모니아 합성용, 정유 공정용) 공급을 위해 연간 수십만 톤 규모 수소 생산이 이미 오랜 기간 이루어져 왔다. 기술적 난관이 적어 초기 투자만 가능하다면 생산 자체의 안정성은 매우 높았다. 따라서 기술성숙도(TRL)는 9에 해당하는 완전 상용화 단계였다. 다만 환경규제가 강화됨에 따라 이산화탄소를 배출하지 않는 수소 생산 방식으로의 전환 필요성이 대두되고 있어, 기존 개질 플랜트에도 변화가 요구되었다.

(6) 개선 및 대안

천연가스 개질의 탄소 배출 문제를 완화하기 위해 이산화탄소 포집·저장(CCS) 기술을 접목한 이른바 블루 수소 생산이 주목받았다. 기존 개질 수소 생산과정에서 발생하는 CO_2를 포집하여 지중에 저장하거나 산업에 활용하는 방안을 통해 탄소 배출을 50~90%까지 저감할 수 있었다. 블루 수소는 비교적 저렴한 천연가스 수소의 장점을 살리면서도 탄소 배출을 줄일 수 있어, 그린 수소가 충분히 상용화되기 전 과도기적 대량 공급원으로 각광받았다. 그러나 CCS에는 추가 비용이 들고 포집된 CO_2의 영구 저장에 대한 검증이 필요하다는 과제가 남아 있었다.

이 밖에도 천연가스로부터 수소를 추출하는 다른 공법으로 부분 산화 개질(POX)과 자가열 개질(ATR)이 있었다. 부분 산화 개질은 천연가스에 산소를 주입하여 부분적으로 연소시키면서 수소를 얻는 발열 공정으로, 반응 속도가 빠르나 수소 수율이 낮고 별도의

산소 공급장치가 필요했다. 자가열 개질은 증기 개질과 부분 산화 반응을 조합하여 외부 열공급 없이 자체 열로 개질하는 공정으로, 공정 단순화를 도모했으나 운전 최적화가 어려웠다. 또한 최근 연구로는 천연가스를 열분해하여 고체 탄소와 수소로 분리하는 기술(일명 메탄 열분해 또는 탄소 포집 없이 탄소를 고체로 포집하는 기술)도 개발되고 있었다. 이 방법은 부산물로 고체 탄소(카본블랙 등)가 생성되어 CO_2를 발생시키지 않으므로 궁극적으로 탄소중립 수소 생산이 가능하다는 이점이 있지만, 아직 실증 단계에 있었다.

(7) 적용 분야

천연가스 개질 수소는 오랫동안 정유, 화학, 철강 등 산업 공정용 수소로 주로 사용되었다. 하루 수백 톤 규모의 부생수소를 생산하여 암모니아 합성 원료나 정유공정의 탈황용 수소로 공급하는 형태였다. 향후에는 CCS를 적용한 블루 수소가 발전 연료(수소 혼소 가스터빈 등)나 수송용 연료로 활용되어, 수소경제 초기단계의 대량 수요를 감당하는 역할을 할 것으로 기대되었다. 다만, 장기적으로는 탄소 배출이 전혀 없는 녹색수소로 전환해갈 필요가 있으므로, 천연가스 개질 기술은 점진적으로 청정화된 형태로 변화하거나 재생에너지 기반 수소 생산으로 대체되어 갈 전망이었다.

2) 생물학적 수소제조기술

화석연료를 거치지 않고 미생물이나 바이오매스를 이용하여 수소를 생산하는 생물학적 수소 생산 기술도 연구되어 왔다. 이러한 공정들은 화학 촉매 대신 미생물의 대사 작용이나 생화학적 반응을 활용한다는 점이 특징이었다. 환경친화적이고 저온에서 공정 수행이 가능하므로 에너지 소모가 적다는 이점이 있으나, 현재까지는 수율 및 생산속도가 낮아 상업화에 이르지 못한 단계가 대부분이었다. 생물학적 수소 생산 방법은 사용되는 에너지원에 따라 크게 빛을 이용하는 방법과 빛을 사용하지 않는 방법으로 나눌 수 있었다.

생물학적 수소 생산기술은 다양하여 기질로 사용되는 원료물질에 따라 물, 유기물 가스로 크게 구분되며, 미생물의 다양한 메커니즘에 따라 여러 가지 기술이 알려져 있다. 중요한 기술 세 가지를 들면, 수중 미생물인 녹조류가 태양광을 에너지원으로 이용하고, 물로부터 수소를 생산하는 효소에 의한 물 분해 수소생산, 질소고정능력이 있는 시아노박테리아가 물을 분해하여 산소를 발생하고 CO2를 고정하며 수소를 발생하는 효소 관여 수소 생산, 유기물로부터 광합성 세균에 의한 수소 생산 또는 유기물 자체가 에너지원으로 사용되는 발효에 의한 수소 생산을 들 수 있다.

태양광을 이용하고 유기성 폐자원으로부터 수소를 생산할 수 있는 생물학적인 방법은 전

문가들에 의해서 신 연료 기술로 높이 평가되고 있다. 광합성 미생물은 태양광을 에너지원으로 하여 물이나 유기물을 분해시켜 수소를 발생시키는 데 미생물 내부에는 자가 증식형의 수소 생산 메커니즘이 내장되어 있어 별도의 태양광 전환 이용 장치 등이 불필요하다. 이와 같은 형태의 분해 공정에 투입되는 바이오매스 원료는 도처에 무진장으로 존재하고, 자연계에서 계속 합성된다. 따라서 광합성 미생물에 의한 수소 생산은 화석연료의 대체 효과뿐만 아니라 폐기물과 폐수의 처리, CO2 배출 감소에 따른 지구 온실효과 방지 등도 가능하여 지구 환경보호에 크게 기여할 것으로 장기 전망된다.

(1) 직접 광합성 수소 생산

미생물이 수소를 발생하는 현상은 이미 오래 전에 알려져 왔으며, 조류와 세균을 이용하여 기초연구가 수행되어 왔다. 그러나 이러한 수소발생 현상이 실질적으로 수소에너지의 생산과 연관지어 가능성을 검토하기 시작한 것은 1970년대 초기 에너지 위기 이후이다.

식물이나 조류는 자체 내의 광합성 기작에 의해서 산소와 환원체를 만드는데, 이때 산소는 물에서 발생된다. 광합성으로 생산된 환원체는 식물의 경우 CO2를 탄수화물로 환원하며, 수소 생산을 촉매하는 효소가 존재하지 않으므로 proton을 수소로 환원하지는 않는다. 그러나 조류는 CO2를 고정함과 동시에 proton을 수소로 환원할 수도 있다.
조류에는 녹조류(green algae)와 같은 eucaryotes와 cyanobacteria(blue green algae)와 같은 procaryotes가 있다. 물을 직접 생물학적으로 광분해하는 반응에서 전자는 물로부터 photosystem(PS) II와 PS I을 차례로 거치면서 전자 전달체인 ferredoxin(FD)을 통하여 수소발생 효소인 hydrogenase로 흐른다. 조류 및 cyanobacteria에 존재하는 수소생산 효소에는 reversible hydrogenase, uptake hydrogenase, nitrogenase가 있으며 균주에 따라 위 효소 모두가 존재하거나 일부가 수소 생산에 관여한다.

세 효소 중에서도 nitrogenase에 대한 연구는 수소 생산과 관련하여 가장 많이 연구되고 있는데 일반적으로 N2를 NH3로 환원하는 역할을 하지만 N2가 존재하지 않는 조건에서는 H+를 H2로 환원하여 수소를 발생한다.

Uptake hydrogenase는 수소를 소비하는 효소로 가능하며 이 효소를 제거하거나, 그 활성을 최소화하는 방향으로 수소 생산을 유도하고 있다.

Reversible hydrogenase는 조류 및 cyanobacreria를 적용하는 수소 생산기술에 가장 적합한 효소로 직접, 간접적 수소 생산연구가 추진되고 있다.

light ↗ O2

$H2O \rightarrow PSII \rightarrow PSI \rightarrow FD \rightarrow Hydrogenase \rightarrow H2$

물로부터 수소를 직접적으로 조류의 광합성 기작에 의해 발생하는 현상은 일시적이고, 실험실 조건에서 관찰된다. 즉 대부분의 조류는 암·혐기 조건에서 일정시간 적응하는 동안 hydrogenase가 합성 및 활성화를 하여 수소가 소량 발생하고, 이와 같은 적응시기를 거친 후에 광합성·혐기 조건에 노출되었을 때 수소 생산은 일시적으로 상당히 증가하지만, 곧 정상적인 광합성(O2 발생, CO2 고정) 작용이 생기면 수소 생산은 정지한다.

암조건 및 초기 광합성 과정에서 발생하는 수소는 반응기 내의 O2가 발생할 때까지 축적된 유기물의 dissimulation(해당 작용)에 의한 것이다. 이러한 직접적인 광분해에 의한 수소 생산은 광합성 작용에 의해 발생되는 O2에 의해 저해작용을 받는다. 이 반응에 관여하는 hydrogenase와 반응 자체가 O2에 매우 민감하여 수소 발생을 방해한다. 이러한 과민반응을 극복하기 위하여 실험실적으로 O2를 생산되는 데로 반응기 내에서 없애버리는 기술을 시도하였으나, 대량 생산시설에서는 실질적인 처리방법이 되지 못하고 있다.

물을 미생물에 의해서 광분해하여 직접 O2와 H2를 대량 생산할 수 있는 기술이 성공적으로 개발된다면 물과 태양에너지만으로 무한정의 수소를 생산할 수 있는 이상적인 방법이긴 하지만 현재 기술로는 아직 해결해야 할 많은 도전이 있다. 즉 미생물 자체가 태양광을 최대로 변환할 수 있는 환원력과 아울러 수소 생산 효소인 hydrogenase까지 효율적으로 전달될 수 있는 미생물 기술이 개발되어야 한다. 또한 저렴한 생물반응시설에 의해 물과 광원으로부터 효율적인 생물 수소 생산 반응을 제공하고 동시에 생성된 수소를 최대로 모을 수 있는 기술적인 개발이 필요하다.

(2) 간접 광합성 수소 생산

간접적 광합성 수소 생산은 CO2를 중간 전자 전달체로 이용하여 광합성과 수소 생산반응을 분리하는 기술이다. 공기 중 CO2를 open pond에서 cyanobacteria에 의해 고정하여 탄수화물을 축적하고 2단계에서 암·혐기조건의 발효 조에서 hydrogenase 효소를 활성화 및 유도하여 일부 수소를 발생시키고, 다시 빛 에너지를 공급하여 1단계에서 축적된 탄수화물로부터 nitrogenase에 의해 혐기조건에서 수소 생산을 최대화하는 기술이다.

이 과정에 조류나 cyanobacteria 같이 1개의 미생물을 적용시키는 경우 혐기적으로 활성화된 hydrogenase효소가 수소 생산 1, 2단계에 모두 관여하며 반응에 필요한 에너지 소요는 수소 분자당 1quantum의 대사 에너지가 소비되는 비교적 경제적인 반응으로 실질적인 적용기술에 관해서는 아직 알려지지 않은 면이 많지만 1단계에서 생산된 탄수

화물을 혐기적으로 적응된 조류에 의해서 효율적으로 수소를 생산할 수 있는 기술로 알려져 있다. 2단계의 광합성에 의한 혐기적 수소 생산과정은 PS-I에 관여하는 수소 생산과정이며, 이 방법에 의한 수소 생산에는 PS-II, 즉 O2를 발생하는 광합성 과정을 효과적으로 제거하거나 억제할 수 있는 기술이 개발되어야 한다.

(3) 혐기발효에 의한 수소 생산

수소 생산 박테리아는 광이 없는 혐기 발효 조건에서 바이오매스 중의 유기물을 이용하여 배양액 중에 각종 유기산, 유기용매를 축적하고 동시에 수소와 이산화탄소를 발생한다. 생성되는 발효산물의 종류와 비율은 초기 배양조건인 pH, 온도, 기질의 종류와 농도, 무기물의 농도 등에 영향을 받으며, 이미 발효과정에서 생성된 대사산물인 유기산과 유기용매에 의해서도 수소생성에 영향을 받는다.

Clostridium 및 *Enterobacter* 속의 일부 미생물은 잘 알려진 혐기발효 수소생성 박테리아로, 현재 이들을 이용한 수소 생산에 관한 연구가 활발히 진행되고 있다. 이 균주들은 자체 내 존재하는 생화학 반응 경로를 거쳐 수소, 이산화탄소, butyrate를 생성하며, 동시에 lactate, acetate, butanol, 에탄올도 생성할 수 있는 발효 경로를 갖는다. 대사산물의 비는 배양조건에 따라 달라질 수 있으나, 대사과정에서 수소발생은 산화 반응에 의한 것으로 총괄적인 산화환원 전위상태가 결정된다. Acetate 및 butyrate가 생성될 경우를 각각 반응식으로 표시하면 다음과 같다.

$$C6H12O6 + 6H20 \rightarrow 2CH3COO- + 2H+ + 2CO2 + 4H2$$
$$C6H12O6 \rightarrow CH3(CH2)2\ COO- + H+ + 2CO2 + 2H2$$

혐기발효에 의한 수소 생산은 2mol acetic acid와 동시에 최대 4mol 수소를 생산한다. 이는 glucose 1mol로부터 생산할 수 있는 12mol 수소 중 약 33%의 전환에 불과하지만, 이때 동시에 생성된 acetate는 광합성에 의한 수소 생산 기질로 적당한 광조건하에서 광합성 박테리아에 의해 2CH3COOH + 4H2O → 4CO2 + 8H2와 같이 높은 효율의 수소 발생을 유도할 수 있다. 선진국에서는 이들 혐기성 박테리아를 이용하여 고농도 유기폐수를 청정에너지와 여러 가지 산업원료물질로 전환시키는 연구가 시도되고 있다.

(4) 광합성 발효에 의한 수소제조

광합성 박테리아는 대사적인 다양성을 나타내어 호기성 및 혐기성 암조건에서도 모두 성장할 수 있고, 광합성을 할 수 있는 동시에 발효에 의해서도 배양이 가능하다고 알려져

있다. 이러한 다양성 때문에 기질의 이용 효율에 차이는 있지만 단당류, 이당류 및 각종 유기산을 모두 배양기질로 사용할 수 있다. 이론적인 수소 생성량은 glucose 한 분자로부터 12 분자의 수소가스가 생성되며, acetic acid, lactic acid, 및 butyric acid 각각 한 분자로부터 4, 6 및 7 분자의 수소가 생산된다. 그러나 purple non-sulfur 박테리아는 종 및 속에 따라서 차이는 있지만, 기질의 전환율은 glucose의 경우 30~40%이고, lactic acid는 85~90%까지 가능하다고 알려져 있다.

암·발효와 이로부터 발생한 유기산이 광합성 세균 발효에 의해 이론적으로 1mol glucose로부터 최대 12mol 수소가 발생하지만(〈그림 4〉), 실질적으로 발효 중에 발생하는 pH 변화, 유기산 생성율 등은 수소 생산 효율을 크게 좌우하고, 더욱이 제당, 식품 폐수를 이용할 경우 타 박테리아나 폐수 중에 존재하는 금속이온 및 질소원 종류 등이 수소 생산에 영향을 준다. 따라서 기질로부터 수소 발생과 아울러 유기산의 축적을 최대화할 수 있는 혐기 발효 조건의 최적화는 생물학적 수소 생산의 주요 인자이다.

Dark Fermentation	Photosynthetic Fermentation
$C_6H_{12}O_6 + 2H_2O \rightarrow$ $4H_2 + 2CO_2 + 2CH_3COOH$	$CH_3COOH + 2H_2O \rightarrow 2CO_2 + 4H_2$
$C_6H_{12}O_6 + H_2O \rightarrow$ $2CH_3CHOHCOOH$	$CH_3CHOHCOOH + 3H_2O \rightarrow$ $3CO_2 + 6H_2$
$C_6H_{12}O_6 + H_2O \rightarrow$ $2CO_2 + 2H_2 + CH_3(CH_2)_2COOH$	$CH_3(CH_2)_2COOH + 4H_2O \rightarrow$ $4CO_2 + 7H_2$

그림 4 암·혐기 발효와 광합성 발효 생성물의 물질수지

(5) 장단점

생물학적 수소 생산 기술의 가장 큰 장점은 원료와 에너지원 측면에서 친환경성과 지속가능성을 갖춘다는 점이었다. 폐기물, 바이오매스, 태양광 등 재생 가능한 자원을 활용하므로 화석자원 고갈 우려가 없고, 탄소 중립적인 수소 생산이 가능했다. 특히 유기성 폐기물을 활용하면 쓰레기 처리와 에너지 생산을 동시에 달성할 수 있어 환경적 편익이 컸다. 반면 단점으로는 현재 기술 수준에서 수소 생산 효율과 속도가 매우 낮다는 점이 지적되었다. 미생물의 대사로 생성되는 수소량은 같은 에너지를 투입했을 때 화학촉매 공정보다 훨씬 적었고, 생산 속도도 느려 대용량 생산에 한계가 있었다. 또한 미생물 배양에는 엄격한 조건 제어(온도, pH, 영양소 등)가 필요하고, 내규모 배양 시 오염 및 유지 관리에 어려움이 있었다. 광합성 미생물의 경우 넓은 설치 면적이 요구되며, 날씨나 낮밤 주기에 따라 생산이 변동되는 등의 문제가 있었다. 종합하면 생물학적 방법은 기술적 성숙도가 낮아 대부분 연구 단계에 머물러 있었고, 당장의 상업화보다는 미래 대안

기술로서 가능성을 평가받는 수준이었다.

(6) 상용화 수준

생물학적 수소 생산은 일부 바이오가스 개질을 제외하면 TRL 4 이하의 실험실 및 파일럿 수준이었다. 바이오가스 기반 수소 생산은 어느 정도 기존 개질공정에 통합될 수 있어, 최근 소규모 실증 플랜트가 시도되고 있었다. 예를 들어 하수처리장에서 발생하는 바이오가스를 정제하여 수소 생산에 활용하는 실증이 국내외에서 이루어졌으며, 장기적으로 폐기물 자원화의 한 축으로 고려되고 있었다. 그러나 순수 미생물 발효 및 광생물 공정은 아직 시제품 수준에 그쳤다. 수소 생산량 향상, 균주 개량, 공정 최적화 등의 연구가 계속 진행 중이지만, 경제성 확보까지는 상당한 추가 기술개발이 필요한 상황이었다.

(7) 적용 분야

생물학적 수소는 주로 소규모 분산형 생산이나 특정 폐자원 활용 사이트에 적용 가능성이 논의되었다. 예를 들어 매립지 매탄가스를 개질하여 수소를 생산하면 폐기물 처리시설 인근의 연료전지 발전소나 수소충전소 연료를 공급할 수 있을 것으로 기대되었다. 또한 축산분뇨나 음식물쓰레기를 처리하면서 부가적으로 수소를 생산해 내는 시스템이 개발된다면 농촌 지역 분산전원으로 활용될 수 있었다. 아직은 경쟁력 미흡으로 상용 사례는 없으나, 장기적으로 재생에너지와 순환경제 측면에서 특수한 틈새 분야에 적용될 가능성이 있었다.

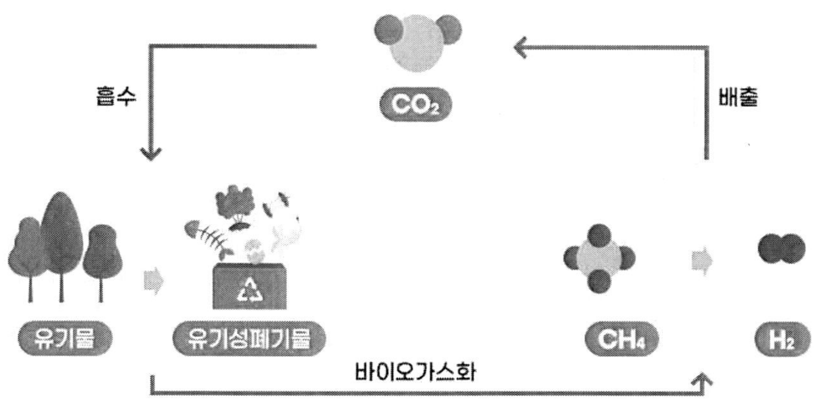

바이오수소 생산의 탄소중립 개념도.
바이오가스를 개질해 수소를 만들면 CO_2가 배출되지만, 그 CO_2는 원래 유기물이 생장하면서 흡수했던 것이므로 결과적으로 대기 중 이산화탄소 순증이 '0'이 되는 탄소중립 효과가 있었다.

3) 물 전기분해법

물의 전기분해(Water Electrolysis)를 통해 수소를 생산하는 기술은 재생에너지 전력을 활용한 궁극의 청정수소 생산법으로 각광받았다. 전기분해는 전기 에너지를 이용하여 물(H_2O)을 구성 원소인 수소(H_2)와 산소(O_2)로 분해하는 원리를 이용한다. 기본적으로 직류 전류를 물에 인가하면 양극에서는 산소 기체가, 음극에서는 수소 기체가 발생한다. 전해액은 20% 정도의 수산화나트륨(NaOH)을 사용한다. 이 방법은 국내 일부 충전소에서 아직도 사용하고 있으며, 화학반응식은 음극에서 수소가, 양극에서는 산소가 2:1의 비율로 발생돼 제품화하게 된다.

물 전기분해(Water electrolysis)

음극 : 2H2O + 2e- -> 2OH + H2

양극 : 2OH- -> H2O + 2e- + 1/2O2

전기분해법은 가장 오래된 수소제조방법으로 실용화된 기술이며, 값싼 수력발전이 이용되는 캐나다나 노르웨이 등을 제외하면 경제성이 없어 세계적으로 널리 이용되지 않고 있다. 그러나 소량이면서 높은 순도의 수소를 얻기 위한 분야에서는 효율 높은 전기분해 수소 생산기술을 개발하기 위해 노력하고 있다.

알칼리전기분해의 효율이 70% 내외이므로 효율을 높이는 기술로 고체고분자전해질 전기분해나 고온수증기 전기분해법에 대한 연구가 활발히 이루어지고 있다.

(1) 장단점

물 전기분해의 가장 큰 장점은 생산 과정에서 탄소를 전혀 배출하지 않는다는 점이었다. 특히 태양광, 풍력 등 무탄소 전력을 사용하면 완전히 그린 수소를 얻을 수 있어, 궁극적인 청정에너지 사이클을 구축할 수 있었다. 또한 전기만 있다면 소규모부터 대규모까지 원하는 규모로 모듈화하여 설치할 수 있어, 분산형 생산에도 적합했다. 생산된 수소는 매우 고순도여서 추가 정제가 거의 필요 없으며, 동시에 발생하는 산소는 부가적으로 의료용이나 산업용으로 활용할 수도 있었다. 반면 단점으로는 높은 생산단가가 지적되었다. 전력 비용이 수소 생산원가의 대부분을 차지하는데, 재생전기는 변동성과 제한된 이용률로 가격이 높았다. 이로 인해 현재 전기분해 수소(그린수소)의 kg당 생산단가는 화석 연료 기반 수소보다 몇 배 이상 비싸 경제성이 부족했다. 또한 수전해 시스템의 초기 투자비용도 여전히 크며, 특히 PEM과 SOEC 등 신기술은 촉매, 소재의 비용 부담이 컸다. 기술적으로도 대규모(수백MW 급) 시스템 통합 운전 경험이 적고, 재생에너지 전력 공급의 간헐성에 대응한 유연 운전, 수명단축 문제 등을 해결해야 했다.

(2) 상용화 수준

알칼라인 수전해 기술은 TRL 8~9 수준으로 이미 상용화되었다. 중소규모 산업용으로 오랫동안 사용되어 왔고, 최근에는 100MW 급 그린수소 플랜트(예: 중국, 중동 등지의 태양광 연계 프로젝트)에 적용이 추진되었다. PEM 수전해는 수십 MW 규모로 실증 단계에 들어섰으며 2030년경 본격적인 상용화를 목표로 하고 있었다. AEM 수전해는 TRL 4~5 정도의 초기 연구·시제품 단계였다. SOEC는 유럽 등에서 1~2MW 급 시범설비가 가동을 시작했으나, 상용화까지는 5년 이상 추가 개발이 필요한 상황이었다. 전체적으로 전 세계 수전해 설비 용량은 2020년대 중반부터 급증하는 추세로, 2020년 약 수백 MW 수준에서 2030년 수십 GW 규모까지 설비 보급이 전망되었다.

(3) 적용 분야

물 전기분해 수소는 장기적으로 수송, 발전, 산업 모든 분야에서 활용될 수 있는 궁극의 청정 수소로 기대되었다. 현재는 소규모로 수소충전소 연료 공급에 사용되거나, 화학산업에서 고순도 수소 필요 시 일부 활용되고 있었다. 재생에너지 잉여전력을 저장하는 에너지저장(ESS) 용도나, 도서지역 등 분산전원으로서 태양광·풍력과 연계한 수전해-연료전지 시스템이 실증되었다. 향후에는 대규모 풍력·태양광 단지와 연계한 거점 그린수소 생산기지가 구축되어, 그 수소를 암모니아 합성이나 철강환원 등 산업원료로 공급하거나, 액화수소 형태로 수출하는 시나리오도 각국에서 검토되고 있다. 다만 이러한 활용이 본격화되려면 재생에너지 전력 비용 감소와 수전해 기술의 비용 절감이 선행되어야 했다.

4) 열화학 사이클에 의한 수소 제조

직접 열분해법은 물을 3,300K 이상의 고온으로 가열하여 수소와 산소로 직접 해리하는 방법으로 고온의 열원과 고온의 상태에서 수소를 분해하는 것이 큰 난제이다. 그러므로 물 분해를 단계적 반응으로 나누어 비교적 낮은 온도(1,300K 이하)의 화학반응들로 구성하여 전체적으로는 물을 분해하는 폐사이클(Close cycle)이 되도록 할 수 있는데, 이것이 열화학방법에 의한 수소 제조 방법이다.

열원으로는 고온의 가스로 또는 집열된 태양열, 핵반응로를 사용할 수 있으며, 제철소 용광로 폐열 등의 이용도 가능하다. 흡열반응에 필요한 열과 발열 등을 상쇄하면 이론상 전기분해법보다 높은 열효율을 얻을 수 있으므로 1967년 이래 200여 개가 넘는 많은 사이클이 제안되어 있는 상태이며, 일반적으로 이를 다섯 가지로 분류할 수 있다. 즉, 1) 수증기와 염소로부터 산소를 발생시키는 Deacon equilibrium을 이용한 사이클, 2)수증기와 탄소 또는 일산화탄소의 산화반응을 이용하는 사이클, 3)여러 산화상태를 가지는 전이금속 산화물을 이용하는 사이클, 4)할로겐화합물을 이용하는 사이클, 5)혼성 사이클로 분류하고 있다.

열화학 사이클은 다단계의 화학반응을 조합시켜 반응물질을 순환 매개물질로 순환하면서 열적으로 물을 분해하는 방법으로, 보통 950℃ 이하 온도의 화학반응들로 구성하여 전체적으로 물을 분해한다. 열원으로는 태양로, 고온가스 냉각원자로(HTGR), 제철소 용광로 폐열 등의 이용이 가능하다. 열화학 사이클 공정의 기본반응은 다단계를 거치지만 전체 반응은 수소와 산소만 생성한다. 200개가 넘는 사이클이 검토되었으며, 화학반응의 단계에 따라 2단계, 3단계, 4단계 사이클 등으로 분류하기도 하는데, 지금까지 알려진 것으로는 8단계까지의 사이클이 있다. 환원제로는 금속성분인 Fe를 사용한 예가 가장 많으며 비금속 성분으로는 가장 사용빈도가 높은 것이 〈그림 5〉에서 보인 바와 같이 황, 염소, 탄소의 순이며, 요오드도 빈번히 사용되었다.

구 분	단 계							계
	2	3	4	5	6	7	8	
As		1		8				9
Br		3	10	6	4			23
C		7	17	13	5		1	43
Cl	2	13	25	13	3	1	1	58
I	1	16	10	4	7			38
N	1	6	4	3	2			16
P		1		1				2
S	11	13	24	43	14	3		108
Se			1	10	2	1		14
Te				6				6
계	15	60	91	107	37	4	2	316

그림 5 열화학 사이클에 사용된 비금속원소

미국, 서독 및 일본을 중심으로 이와 같은 사이클 연구가 지속되었으며, 200가지 이상의 사이클이 제안되었다. 최근에는 금속산화물을 이용한 2단계의 열화학 사이클이 스위스와 일본 등에서 연구 중에 있으며, 태양열을 이용한 시스템으로 구상하고 있다.

열화학적 과정의 한 예를 들자면 태양에너지를 이용하여 고온을 얻은 후, 이를 이용하여 금속산화물을 환원시키는 것이 있다. 이렇게 생산된 금속은 금속- 공기 배터리, 연료전지로 직접 동력을 발생할 수 있으며, 물과 반응시켜 수소를 만들어 열과 전기를 얻을 수 있다. 동력 발생과정이나 수소 발생과정에서 화학적 부산물은 원래의 금속산화물로서 태

양열 반응기로 재순환된다. 이 반응계는 완전한 닫힌계로 외부로의 오염물 배출도 없다.

$$Fe_3O_4 \rightarrow 3\ FeO + \frac{1}{2}\ O_2$$
$$3FeO + H_2O \rightarrow Fe_3O_4 + H_2$$

이와 같이 태양에너지 열화학적 축적 과정은 장기적 관점에서 보면 오염감소와 CO_2 발생을 피하거나 또는 줄일 수 있기 때문에 유리하다. 생성물은 재생가능하며, 청정하고 지속 가능한 에너지를 발생시킬 수 있는 물질이다. 대용량화 및 연속적 공정에 대한 기술이 개발된다면, 궁극적으로는 태양에너지연료를 가지고 화석연료의 대용으로 사용하는 것이 가능할 것이다.

과기부의 국책사업단인 고효율 수소제조기술개발사업에서 금속산화물을 이용한 열화학적 물 분해연구가 한국에너지기술연구원, 한국과학기술연구원, 국민대학교, 한남대학교 등의 참여로 진행 중이다.

최근, 원자로의 하나인 고온가스냉각로(high- temperature gas-cooled reactor ; HTGR)기술의 발전에 따라 전기와 함께 고온열의 비 발전분야 응용 가능성에 대한 기대가 커졌다. 현재는 세계 1차 에너지 소비량의 절반 이상이 온수, 증기 및 난방용 열원으로 사용되고 있는데 비하여 원자력은 거의 상업 발전용으로 사용되고 있다.

고온가스냉각로는 750~950℃의 매우 높은 열을 공급하므로 발전할 때 열효율이 높으며 열화학적 물 분해과정에 필요한 고온도 공급할 수 있다. 따라서 고효율 발전을 하고 심야에 남는 유휴전력을 이용하여 전기분해를 하는 방법, 고온을 직접 이용하여 열화학적으로 물 분해하는 방법, 고온상태에서 전기분해를 하는 방법으로 수소를 생산하는 계획이 추진되고 있다. 〈그림 6〉에 고온가스로 이용 수소 생산 개념도를 나타냈다.

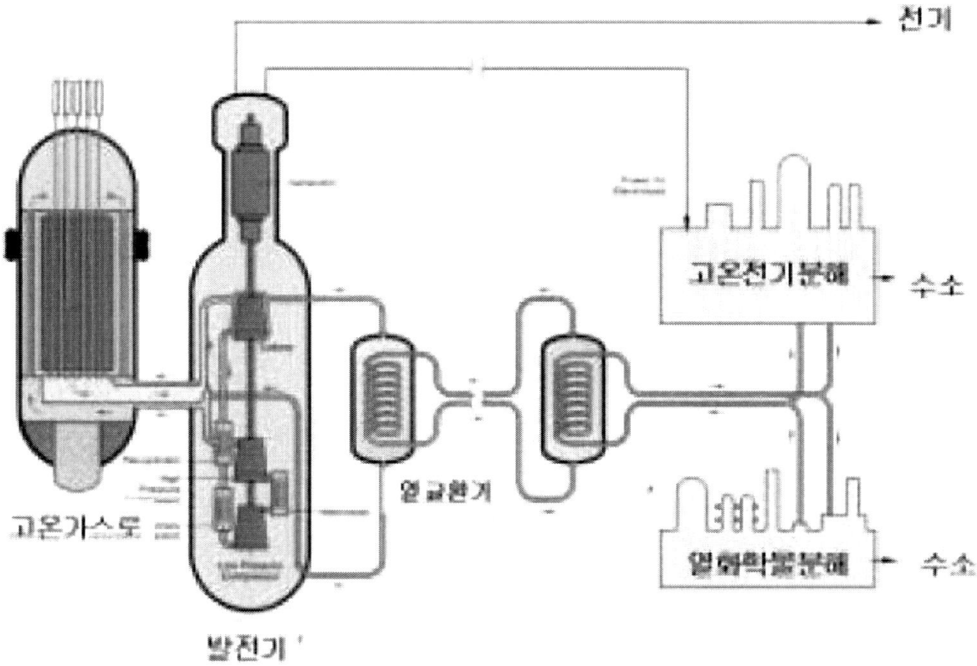

그림 6 고온가스로 이용 수소 생산 개념도

일본의 원자력연구소(JAERI)에서는 30MW급의 고온가스로 HTTR을 보유하고 있는데, 기존 경수로의 35% 열효율에 비하여 70%까지 효율을 높일 수 있을 것으로 보고 있다. 이 시스템에서 얻는 고온열을 이른바 IS사이클이라고 부르는 열화학적 수소 제조사이클에 적용하고자 하고 있는데, 이는 20여 년 전 General Atomic Co.가 개발한 것에 기초를 둔 것이다. 이것은 다음과 같은 반응에 바탕을 둔 요드화 수소 사이클(hydrogen iodide cycle)을 사용하고 있는데, 개념은 다음 〈그림 7〉과 같다.

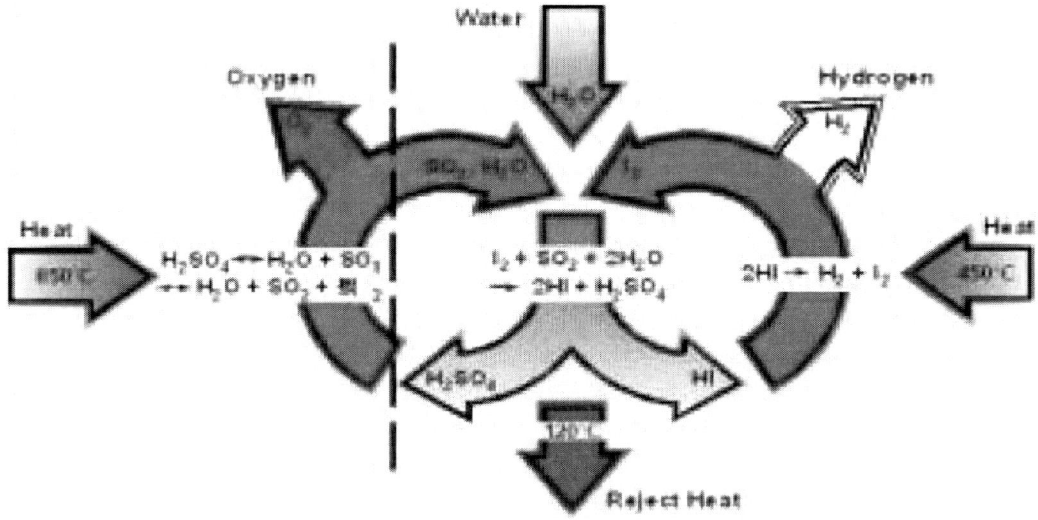

그림 7 요드-황 (IS)사이클 개념도

연속운전으로 시간당 1리터의 수소 제조에 성공한 이후 현재는 시간당 50리터 규모로 제작하여 실제 플랜트 건설 시 필요한 공학적 데이터를 얻을 목적으로 준비 중이다. 중국의 청화대학에서도 일본에 이어 아시아권에서 두 번째로 10MW급 고온가스냉각로(HTR-10)를 2000년도 9월에 건설 및 시스템 설치를 완료하고, 반응기 성능과 안전성 실증 등을 실시하고 있다. 고온열 이용에 있어서는 석탄가스화로 수소 생산하는 것을 검토하고 있다. 미국은 2015년까지 600MW 규모의 고온가스로를 건설하고 수소 생산을 실증하겠다는 계획을 추진 중이다. 국내에서도 한국원자력 연구소를 중심으로 고온가스냉각로를 이용한 수소 생산계획을 추진하는 것으로 알려져 있다.

(1) 장점

열화학 사이클의 가장 큰 장점은 대규모 수소 생산에 경제성이 있을 것으로 기대된다는 점이었다. 전적으로 화학반응기의 체적 반응으로 수소를 얻기에, 전기분해처럼 넓은 전극 면적이 필요 없고, 이론적으로는 규모의 경제를 극대화할 수 있었다. 수소 생산 단가에서 전기비용 비중이 크지 않으므로, 충분히 값싼 고온 열원이 있다면 저렴한 수소 생산도 가능했다. 또한 화석 연료를 사용하지 않으므로 CO_2를 발생하지 않는 청정 프로세스였다. 사용되는 화학물질들이 순환하며, 외부로 유해 폐기물을 배출하지 않는다는 점도 매력적이었다. 원자력의 고온 열 또는 집광 태양열을 활용할 경우, 전력 변환 단계를 거치지 않고 곧바로 수소를 얻기에 에너지 변환 효율이 높고 중간 손실을 줄일 수 있었다. 이러한 이유로 2000년대 수소경제 논의 초기부터 미국, 일본, 프랑스 등에서 차세대 원자력-수소 생산 시스템으로 열화학 공정을 주목하였다.

(2) 단점

아직까지 해결해야 할 기술적 난관이 많아 상용화가 요원하다는 것이 큰 단점이었다. 첫째로, 사이클 반응에 쓰이는 화학물질의 부식성과 취급 문제가 있다. 예컨대 S-I 사이클의 경우 요오드와 황산을 다루어야 하는데, 이는 재료를 심각하게 부식시키므로 내구성 있는 특수 재료 개발이 필수적이었다. 고농도 황산을 800℃ 이상에서 분해할 장치의 소재는 기존의 내열합금으로도 한계가 있어 세라믹 코팅 등 첨단 기술이 요구되었다.

둘째로, 고온 열공급 인프라가 제한적이라는 점이다. 현재 상용 원자로는 300℃ 정도의 증기밖에 내지 못하며, S-I 사이클 운전에는 900℃ 가까운 열원이 필요하다. 이를 위해 헬륨 가스로 냉각되는 초고온 원자로(VHTR) 개발이 병행되었으나, 원자로 기술의 진척이 더딘 상황이었다. 태양열의 경우에도 24시간 안정적 열공급이 어려워 가동률 문제가 있었다.

셋째, 공정이 다단계로 복잡하여 시스템 통합 및 제어의 어려움이 있었다. 각 반응 단계가 원활히 연결되고, 생산된 수소·산소가 안전하게 분리·회수되는지를 실증해야 하는데, 소규모 실험 외에는 경험이 부족했다. 넷째, 초기 투자비가 막대할 것으로 예상되었다. 아직 상용 설비가 없지만, 고온 재료, 대용량 열공급 장치, 복잡한 화학공정 장치들을 구축하려면 경제성이 화석연료 개질보다 떨어질 가능성이 있었다.

(3) 상용화 수준

열화학 수소 생산 기술은 현재 실험실 및 파일럿 연구 단계(TRL 3~5)에 머물러 있었다. 2000년대 미국 General Atomics와 DOE 주도로 S-I 사이클 소규모 실험장치가 구축되어 시간당 수 리터의 수소를 생산한 바 있다. 일본 JAEA도 HTTR 실험로를 이용한 S-I 사이클 일부 실증을 진행하였고, 우리나라 KAERI에서도 관련 핵심기술을 연구하여 열교환기, 부식재료 등의 기초 성과를 축적했었다. 그러나 2010년대 이후 원자력 산업 침체와 함께 이 연구는 일시적으로 정체되었다. 최근 들어 탄소중립 목표로 다시 고온가스로 및 열화학 수소생산이 관심받고 있어, 유럽과 미국, 중국 등에서 연구개발이 재개되는 추세였다. 아직 프로토타입 공정조차 제대로 완성되지 않았으므로, 2030년대 이후에야 시범 플랜트 가능성을 논할 수 있는 장기적 과제라고 할 수 있었다.

(4) 적용 분야

열화학 사이클 수소는 개념적으로 대규모 중앙집중식 수소 제조에 적합한 기술이었다. 하나의 플랜트에서 연간 수십만 톤 규모의 수소를 생산하여 산업 전반에 공급하는 식으로 활용될 수 있다. 예를 들어 원자력 발전소 부지에 수소 생산공장을 붙여서, 생산된

수소를 인근 석유화학단지나 제철소 등에 파이프라인으로 공급하거나, 액체 암모니아로 합성하여 수출하는 모델 등이 거론되었다. 장점은 규모가 클수록 효율과 경제성이 개선되는 특성이므로, 기존 화력·원자력 발전의 대체로서 거점 수소생산 허브로 활용할 수 있다는 점이었다. 다만 이러한 응용이 실현되려면 기술 실증과 동시에 사회적 수용성, 안전성 검증, 경제성 확보가 뒷받침되어야 하므로, 실용화까지 상당한 시일이 필요한 상황이었다.

Ⅱ. 기술개발 동향

1. 개요

전장에서 서술한 바와 같이 앞으로도 상당 기간 동안은 화석연료를 이용하여 수소를 생산하게 될 것이다. 천연가스를 이용하여 수소를 생산하는 경우, 용도에 따라서 수증기 개질, 부분산화, CO2 개질, 자열 개질방법(auto-thermal reforming)이 이용될 수 있으며, 이 중 수증기 개질법이 가장 산업적으로 널리 이용되고 있다.

수증기 개질기술은 이미 30 내지 50만 톤/년 규모의 대형 암모니아 제조공정 및 석유정제용 수소 제조공정에 적용되어 이미 공정기술의 신뢰성이 입증되어 있으며, 단지 기존의 전이금속인 Ni 촉매의 성능 및 안정성을 높이기 위한 공정개선 노력이 지속되고 있다.

최근에 관심이 집중되고 있는 기술 분야는 정지형의 연료전지로 수소공급을 위한 연료개질기 시스템 개발로, 요소기술 및 시스템 통합화를 통한 소형화, 고효율화 그리고 저비용기술에 목표를 두고 기술개발이 진행되고 있다. 이 목표 달성을 위해 필요한 세부핵심기술은 반응활성 및 안정성이 높은 새로운 개질촉매 설계 및 개발, 개질기 균일가열기술, 소형 열교환기 설계기술, 그리고 저온 활성 및 내구성의 전이반응 촉매 설계 및 개발 등에 노력하고 있다.

부분산화기술은 높은 순도의 산소를 이용하게 되는데 현재는 극저온 산소분리기술이 이용되고 있다. 따라서 이를 보다 경제적인 공정으로 개선할 필요가 있으며, 현재 산소 압력스윙흡착 및 세라믹분리막 시스템이 개발 중이다. 또한 천연가스의 직접 부분산화반응을 촉진시키면서 동시에 촉매표면으로의 탄소 침적방지를 위한 새로운 촉매를 개발하기 위해 노력하고 있다.

최근 신기술로 간주되는 플라스마 촉매기술은 부분산화 및 수증기 개질반응 효율 극대화를 위한 반응기 최적설계기술 및 개질가스와 공기와의 열 교환 효율을 극대화하기 위한 소형의 고효율열교환기 설계기술 확보에 주력하고 있다.

앞에서 언급한 천연가스이용 수소 제조방법, 즉 수증기 개질기술, 부분산화기술, 플라스마 이용기술 이외의 개질기술방법 중에서 자열 개질방법은 수증기 개질방법에 비하여 공정 자체가 상대적으로 간단하지만 고순도 산소를 반응물로 사용하여야 하므로 고순도 산소를 생산하는 것이 공정의 경제성에 크게 영향을 미치게 된다. 따라서 부분산화와 마찬가지로 산소 압력스윙흡착 및 세라믹분리막 시스템 개발에 노력하고 있다.

CO2 개질기술은 고온 고압운전에 따른 촉매 표면으로의 탄소침적을 방지하는 것이 중요하다. 이와 동시에 개질반응 촉진을 위한 고활성 촉매 개발을 위한 연구가 진행 중이

다. 직접 분해기술 분야에서는 촉매를 이용한 직접 분해의 핵심이 되는 분해촉매의 경우 카본 흡착에 따른 비활성화현상을 방지하기 위한 공정기술이 필요하다. 즉 촉매-카본분리 단위공정, 촉매재생 및 재순환 단위공정 관련 기술 확보가 요구된다.

흡착부과 개질기술에서는 개발이 필요한 핵심요소 기술로서는 고온용 이산화탄소 흡착제 개발, 고 활성의 수증개질 촉매 설계 및 개발, 흡착부과반응의 최적 공정 구성 그리고 흡착반응 개질기 설계기술 개발 등에 노력을 경주하고 있다.

생물학적 수소 생산기술은 박테리아 및 조류를 이용하여 수소를 생산하는 장단기적인 생물학적 기술이 현재 미국과 일본을 중심으로 개발되고 있다. 간접 광합성 물 분해는 조류가 공기 중의 CO2를 안정된 구조인 유기물로 전환하고, 이 유기물을 다시 조류나 박테리아를 이용한 발효과정을 거쳐 수소를 발생한다.

발효에 의한 수소 생산은 암 조건에서 혐기 미생물에 의해 유기물 특히, 수분함량이 높은 유기성 폐수를 기질로 하여 수소를 생산하는 방법이다. 수소 발효기술은 1991년부터 2000년까지 수십 건의 특허가 출원되었지만, 대부분 일본의 특허이며 주목되는 특허로는 에바라 제작소가 출원한 특개평5-96294, 그리고 카시마 건설·지구 환경 산업기술 연구소가 출원한 특개평07-75588 및 US 5464539가 있다.

이상에서 중요한 수소 제조기술의 개발 동향을 간략히 설명하였다. 여러 수소 제조기술의 경우 기술이 상용화하기까지는 기존 사용하는 화석연료이용 수소 제조기술을 계속 활용하면서 동시에 에너지 절감형이고 CO2를 농축 회수할 수 있는 공정기술로 개선토록 노력하고 있다. 생산된 수소가스는 생산된 현지에서 사용되거나 파이프라인이나 트럭을 이용하여 분배하여 이용한다. 수소를 에너지 매체나 연료로 사용하기 위해서는 가격이 저렴한 생산 기술이 더한층 개발되어 경제성이 확보되어야 한다.

2. 국외 동향

1) 기술 동향

천연가스이용 수소제조기술을 보면, 천연가스로부터 수소를 생산하는 대부분의 공정에는 스팀-메탄 개질기가 사용되고 있는데 800~1,000℃의 고온반응이므로 에너지가 많이 들며 생산된 수소농도는 70~75%이므로 이를 정제하기 위한 분리공정에도 에너지가 많이 소비된다. 따라서 반응과 분리가 결합된 흡착부과 반응공정을 이용하여 반응온도를 400~500℃로 떨어뜨리고 수소의 농도도 95% 이상으로 되게 하여 정제설비를 간단히 함으로써 에너지절약을 15~30% 달성시키고자 노력하고 있다.

수소 제조기술에는 현재 화석연료이용 수소 제조기술의 여러 방법이 있으며, 자연에너지 이용 물 분해 수소 제조기술로 광촉매활용수소 제조, 열화학적 수소 제조, 생물학적 기술에 의한 수소생산 등이 있다.

다른 연료와는 달리 수소는 직접적인 채광이나 유전에서 생산할 수는 없으며, 수소를 많이 포함한 물질 즉 천연가스, 물, 석탄 또는 식물에서 추출해야만 한다. 추출하는 데는 또 다른 에너지가 소모되는데, 경제적으로 효율적으로 수소를 생산하는 것이 관건이다.

현재 생산기술로는 천연가스를 스팀 개질에 의하여 또는 산업 공정에서 부산물로 생산된 가스를 정제하여 생산하며, 물을 전기분해하여 얻는다. 이외에 태양에너지 또는 재생에너지를 이용하여 물이나 바이오매스에서 수소를 생산하는 등의 여러 방법이 있다.

수소에너지 생산기술 개발은 단기적으로는 수소 수급의 원활화와 환경오염 저감을 위한 화석연료 이용기술의 핵심요소기술 확보와 공정 최적화를 이루는 데 있으며, 자연에너지 이용 수소 제조 분야는 물 분해 핵심요소기술 확보와 실증 및 자연에너지 이용 수소 제조기술의 효율 향상을 위한 연구에 중점을 두고 있다.

수소 제조기술방법의 선택은 가능한 수소 제조 원료와 필요한 수소의 양, 그리고 생산된 수소의 순도 등에 따라 좌우된다. 선진국 연구자들은 열화학적 방법, 전기분해방법, 그리고 태양광이용을 통한 경제적 수소 생산방법 및 환경친화적 방법으로 수소를 생산하기 위해 노력하고 있다.

열화학적 방법에 의한 천연가스로부터 수소를 생산하는 기술은 기존의 비용이 저렴한 화석원료에 의존하면서도 기술혁신을 수반하는 전략을 담고 있다. 재래 스팀메탄 개질방법에서 변형된 방법으로 CO2를 동시에 감소시키는 방법은 기존방법보다 유리한 점이 많이 있지만 아직도 연구단계에 있다.

수소가 아직 연료 등 에너지자원으로 널리 보급되지 못하고 있는 것은 수소의 가격이 석유나 천연가스에 비해 비싼 이유 때문이며, 안전성 확보기술의 미비 때문이다. 그러나 기존연료가격이 높아지고 CO2 과잉배출이 문제됨에 따라 수소의 중요성은 강조되고 있다. 이러한 필요성 때문에 미국과 EC 등 선진 9개국이 수소에너지 공동 개발을 추진하며 일본도 New Shunshine 연구사업, WE-NET 연구사업 등으로 수소에너지 개발에 박차를 가하고 있다.

□ 해외업체수소기술 개발 현황

2020년대에 들어 전 세계적으로 수소에너지에 대한 관심과 투자가 급증하였다. 특히 2020년 파리협정 이행과 2050 탄소중립 목표가 구체화되면서, 주요국 정부와 글로벌 기업들이 앞다투어 청정수소 생산 기술의 상용화에 나선 것이 두드러졌다. 각국은 수소를 차세대 에너지 전략의 핵심으로 삼고, 재정지원과 연구개발에 막대한 자원을 투입하고 있었다.

○ 생물학적 수소 제조기술

이 중에서도 태양광을 에너지로 이용하며, 물이나 유기물질로부터 미생물 내에 존재하는 자가증식형 메커니즘에 의한 수소 생산은 에너지 생산기술일 뿐만 아니라, 공기 중 이산화탄소를 변환하여 탄수화물로 미생물 내에 축적하고 동시에 산소를 발생하는 이산화탄소를 저감하게 하는 환경기술로 이용한다. 또한 생물학적 수소 생산기술은 식품공장 폐수 및 음식쓰레기와 같은 유기성 폐기물을 처리하고, 동시에 수소를 생산하고 폐수의 COD를 낮추는 에너지·환경기술이다. 광합성 미생물은 고부가가치의 식의약품의 생산기술로도 활용되고 있다. 박테리아 및 조류를 이용한 수소 생산의 장단기적인 생물학적 기술은 현재 미국과 일본을 중심으로 개발되고 있으며 green algae, cyanobacteria 수소 생산 메커니즘 및 최대화에 관한 기초 및 응용연구가 이루어지고 있다.

○ 광화학적 수소 제조기술

광촉매연구는 친환경적인 대체에너지 전환공정으로 각광받고 있으며, 이 기술을 상용화시키기 위해서 가시광 활용이 가능한 고효율의 광촉매 및 응용시스템 구성에 관한 기술개발에 노력하고 있다. 태양광을 이용하여 물로부터 직접 수소를 생산하는 기술로는 반도체성 촉매재료를 입자형태로 제조하여 물 속에 슬러리형태로 분산시키거나 지지체에 담지시켜 촉매활성 site에서 photon 흡수와 동시에 물분해가 일어나게 하는 광화학법 및 반도체성 전극에 광을 쪼여 산화-환원반응이 각각의 전극에서 일어나게 하는 광 전기화학적 방법으로 대별된다.

현재까지 국외에서 연구되고 있는 수소제조기술에 관련된 광촉매는 층상구조화합물계, 금속 산화물(귀금속/TiO2 + NaOH 또는 carbonates, 불순물 도핑) 및 비 산화물계

(CdS, ZnS), 광 감응재료를 이용한 가시광 광촉매계 및 복합 광촉매계 등이다.

(1) 미국

미국은 2021년 인프라법과 2022년 인플레이션감축법(IRA)을 통해 수소경제에 대한 강력한 지원을 발표했다. DOE는 “Hydrogen Shot” 이니셔티브로 청정수소 생산단가 $1/kg 달성(1 1 1 목표)을 선언하고, 연방 예산을 투입해 지역별 수소생산 거점(hub) 구축을 지원하고 있다. 특히 IRA에서는 청정수소 세액공제($3/kg까지) 제도를 도입하여 그린수소와 블루수소 생산이 경제성을 가질 수 있도록 장려하였다.

수소를 기반으로 하는 에너지 시스템을 21세기 에너지 수급과 관련한 국가적 문제로 보며, 온실가스 배출 및 대기 오염과 관련한 환경 문제를 동시에 해결할 수 있는 국가 전략적 사업으로 인식하고 있다. 장기적인 관점에서 수소는 공해 배출이 거의 없으며 미국 내 자원을 바탕으로 이용 가능한 잠재력을 가지고 있다. 미국은 수소 에너지 시스템을 생산, 배급, 저장, 전환, 최종 활용처로 구분하고 각각의 부분시스템 실현을 위한 국가 전략 로드-맵을 작성하였다.

수소 생산에는 생산 단가의 저감, 효율 향상, 이산화탄소 저감비용 저감을 위하여 정부와 산업체 간의 협력이 필요하다. 중앙집중식 수소 제조와 현장분산식 수소 제조법 모두 향상된 기술이 필요하다. 현존하는 상업용 기술인 천연가스 수증기 개질, 복수연료 가스화(multifuel gasification), 수전해법의 향상에 초점을 두고 있으며 첨단기술인 생물학적 수소제조, 원자력 및 태양력을 이용한 열화학적 수소 분해법 개발을 지속하고 있다.

미국 에너지부의 수소에너지 시스템 구축을 위한 미 연방 차원의 국가 프로젝트로 직접적인 수소제조기술개발 외에도 FreedomCAR & Vehicle Technology program과 Hydrogen, Feul Cell & Infrastructure Program이 진행 중이며, 2012년까지 수소자동차의 시장진입을 목표로 하고 있다. 2004년까지 수소스테이션의 실증시험을 1단계 사업으로 진행하였으며, 수소 자동차 30대 규모, 수소스테이션 3개소 규모의 도입이 목표이다. 2단계 사업은 2004년부터 2008년까지 차량 500대 규모 수소스테이션 5~10개소 도입을 예정하고 있다. 2008년부터 2012년까지 3단계 사업을 수행하여 2012년까지 20~30개소의 수소스테이션을 도입하여 수소자동차 수요자의 이용 편이를 도모할 계획이다. 2012년 이후에는 정부 지원으로 전체 수소 공급량의 25~50% 수준의 투자가 계획되어 있다.

현재 수소에너지기술에 노력을 경주하는 미국은 연간 85억 킬로그램의 수소를 생산한다. 우주산업에서 연료로 사용하는 외에 상업적으로 연료로서는 크게 사용하지 못하며 모두 화학물질 생산에 원료로 사용하고 있다.

광촉매를 이용한 물 분해 수소제조 연구결과에서 우수한 촉매는 GaAs 및 GaInP2 반도체 광촉매로 알려져 있으나, 광촉매 제조 가격이 매우 높고 부식으로 인한 어려움이 있는 것으로 알려져 있다. 광촉매 활용 수소 제조의 기초 연구는 많이 수행되었지만 활발하게 이용되지 못한 상태이다. 그러나 광촉매를 활용한 수소 제조방법은 장기적으로 미래에 중요한 기술로 평가되고 있기 때문에 다른 제조기술과 함께 장기계획으로 미국에서 연구를 수행하고 있다.

미국에서 수소는 주로 스팀메탄 개질방법으로 생산하며 다음으로 산업공정가스를 정제하여 얻는다. 세 번째로 물을 전기분해하는 방법으로 생산한다. 그러나 실제 장기적 계획으로 해결토록 노력하는 기술들은 태양에너지이용 수소 생산, 수소증기 개질 등에 있다.

미국 DOE는 열화학 사이클에 의한 수소 제조방법에서 제일 우선적으로 해야 할 실증실험으로 순환물질로 유황과 요오드를 사용한 원자력이용 수소 생산을 채택하였다. 또한 이 실증실험은 산업체와 정부연구기관이 주도하여 수행하고, 정부와 대학은 지원하는 체재로 할 것을 추천하였다. 그리고 이 열화학 사이클에 의한 수소 제조방법은 가까운 장래(2002~2010년)에 착수해야 할 기술과제로 선정하였다.

광합성세균을 이용한 수소 생산기술은 미국에서도 오래되지 않은 기술로 광합성 세균은 일반적으로 여러 가지 유기성 폐수 및 폐자원으로부터 유기산 및 당을 이용해서 수소를 발생한다. 미국 에너지부 DOE는 이 분야의 기초연구 및 실증연구계획을 세우고 있다.

생물학적 방법에 의한 수소 생산연구는 미국 DOE가 지원하며, 현재는 태양광에 의한 균체 성장영향 및 생성가스 수집에 관한 연구를 하는 단계이다. 다음 단계로는 균체 내에 축적된 고분자물질을 발효기질로 사용하여 생물학적 방법에 의한 수소 생산을 계획하고 있다.

미국은 수소기술 발전을 위해서 요소기술 개발은 정부가 주도하여 추진하고 있다. 미국 에너지부(DOE)는 오늘날 현재 사회는 이미 탄화수소에너지 사회에서 수소에너지 사회로 이전되는 과정에 있으며, 앞으로 21세기는 수소에너지 사회가 될 것이라는 확고한 국가 비전을 세웠다. 그리고 전문가로 구성된 수소기술자문위원회를 구성하여, 이 위원회에서 21세기 수소사회로 가기 위해서 해야 할 일들을 규명하고 필요한 연구 및 기술개발 과제들을 분야별로 선정하였다. 2002년 4월에 개최한 'National Hydrogen Energy Roadmap Workshop'에서 여러 수소기술에서 단기 또는 중장기적으로 해야 할 기술개발과제 및 실증실험기술 과제들을 선정하였다.

미국 에너지부(DOE)는 Vision 21 프로그램을 세우고 수소 제조, 저장, 이용 기술의 균

형적 개발을 위한 계획을 세웠다. 대체 에너지원을 이용한 수소 생산과 화석에너지원을 이용한 수소 생산 주체를 분리하여 역할을 담당하게 하고, 2030년까지의 장기 프로그램을 단기(2005), 중기(2015), 장기(2030) 목표를 수립하였다. 또한 이에 맞는 추진전략을 수립하고 나아가 산업체, 정부, 연구소와 대학의 역할을 설정하고 확인하였다. 미국 DOE 수소개발 추진계획은 국내에서 독자적으로 기술개발을 하여 목표를 달성할 계획을 가지면서 EC 선진 9개국과도 공동개발에 참여하여 추진하는 계획을 가지고 있다.

수소에너지와 관련하여 통과된 최신법안인 수소미래법안(Hydrogen Future Act)은 1992년 발효된 Matsunage 수소 R. R&D 조례법령을 1996년에 수소미래법안으로 개정하였는데, 바로 수소에너지개발사업 활성화법이다. 이 외에도 미 하원 에너지법안 HR 4, §2205 및 미 상원 에너지법안 Energy Policy Act of 2002, Title XII, Subtitle B,§ 1223 등외에 수소에너지 개발을 위한 최신 법안들이 있다.

미국은 수소 제조에서 천연가스를 원료로 하여 수소를 생산하는 것을 현재 기조로 삼으면서도 재생에너지를 활용하여 수소를 생산하는 기술개발을 위하여 계속 추진하고 있다. 미국은 2010년까지 성취할 수소프로그램 달성목표의 하나로 천연가스 또는 바이오매스로부터 수소 생산비를 100Btu당 12~15불에 생산하는 것을 설정하고 있다. 또한 장기적 미국 DOE의 수소 프로그램의 미래비전은 재생에너지자원을 이용하여 경제적 효과가 높은 방법으로 수소를 생산하는 것이다. 수소 제조기술 방법의 선택은 가능한 수소 제조원료와 필요한 수소의 양, 생산된 수소의 순도에 등에 따라서 좌우된다. 연구자들은 열화학적 방법, 전기분해 방법, 그리고 태양광 이용방법을 경제적 수소 생산방법 및 환경친화적 방법으로 생산할 수 있도록 연구하고 있다.

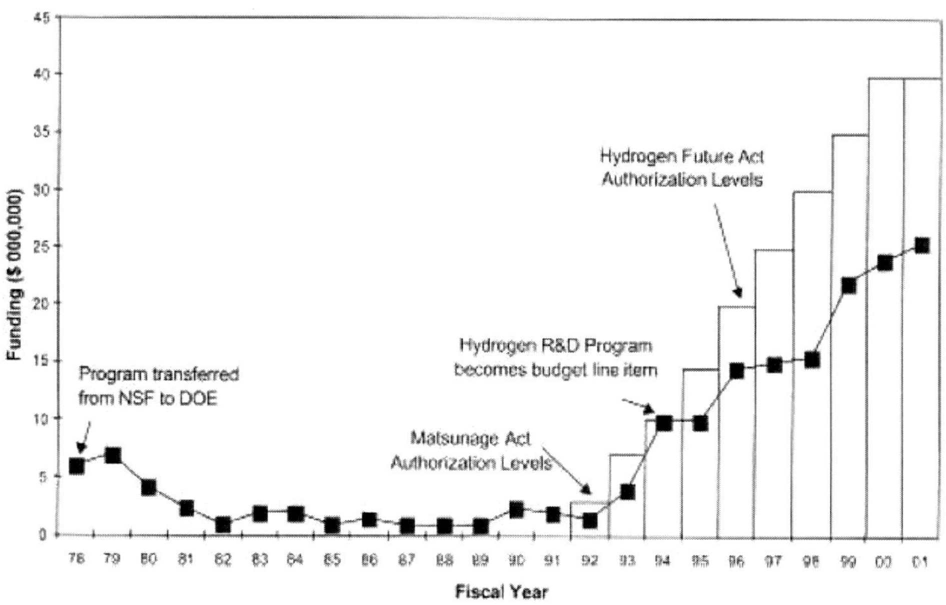

그림 8 USDOE 수소연구개발비 변경 추이

미국정부의 수소에너지 연구지원금을 <그림 8>에 나타내었다. 그림에서 보는 바와 같이,

수소에너지사업 활성화법으로 Matsunage법이 발표된 1992년에 연구비가 급히 증가하였으며, 수소미래법안이 발효된 1996년 후에도 계속 유지되다가 2000년대 이후 증가하였다.

미국 DOE 수소프로그램에서 연구개발비는 1999년도에 21,976천불(핵심기술개발비 8,951천 불, 실증연구비 10,856천 불, 분석 및 인프라 구축비 2,169천 불), 2000년도에 24,587천 불(핵심기술비 13,353천 불, 실증연구비 8,754천 불, 분석 및 인프라 구축비 2,480천 불), 그리고 2001년도에 26,940천 불(핵심기술개발비 14,784천 불, 실증연구비 9,009천 불, 분석 및 인프라 구축비 3,147천 불)이었다. 전체적으로 평균하여 핵심기술개발비 56%, 실증실험연구비 33%, 그리고 분석 및 인프라 구축비 11%를 배정하였다. 다음에 미국 DOE가 중요하게 지원하는 수소 제조기술들에 대하여 설명하였다.

□ 천연가스 이용 수소 제조기술

미국에서는 APCI/DOE 과제로 1995년부터 연구 중이다. 수증기 개질공정의 흡착부과 반응기 개발연구는 현재 수소 100Nm3/h 생산규모의 PDU가 개발 중이며, 별도의 CO/CO2 제거공정 없이 50 ppm 이하로 유지하여 연료전지에 필요한 수소를 공급하는데 적용하고자 하고 있다. 천연가스로부터 수소를 생산하는 기술은 기존의 비용이 저렴한 화석원료에 의존하면서도 기술혁신을 수반하는 전략을 담고 있다. 재래 스팀 메탄 개질(SMR) 방법에서 변형된 방법으로 CO2를 동시에 감소시키는 방법은 기존방법보다 유리한 점이 많이 있으나 아직도 연구단계에 있으며, 이 개량된 방법에 의해서 수소를 생산하면 기존 방법과 비교하여 25%나 낮은 생산비로 수소를 생산할 수 있을 것으로 기대하고 있다. 뿐만 아니라 CO2를 흡수함으로 순도를 더욱 높일 수 있는 장점이 있다.

천연가스를 원료원으로 하는 플라스마 촉매 개질기술은 천연가스 이용 수소 생산을 위하여 이용되는 수증기 개질법과 부분산화방법에 비하여 어려운 기술에 속한다. 플라스마 촉매개질방법의 주반응은 촉매 부분산화와 수증기 개질이다. 주로 소형 및 분산형에 사용이 가능하다. 플라스마 촉매기술은 부분산화 및 수증기 개질반응 효율 극대화를 위한 반응기 최적설계기술 및 개질가스와 공기와의 열 교환 효율을 극대화하기 위한 소형의 고효율 열교환기 설계기술 확보가 필요하다. 전술한 바와 같이 미국은 MIT의 Plasma Science & Fusion Center에서 수 kw급에 대하여 개발하고 있다.

부분산화와 세리믹스막 반응기와 연계하여 공기로부터 산소를 분리하고 동시에 메탄을 부분산화할 수 있는 세라믹스막 반응기를 개발하고 있다. 만일 성공하게 되면 이 방법은 재래식 개질반응에 비하여 발전된 수소 생산방법이 될 것이다.

□ 물 전기분해에 의한 제조기술

물 전기분해(Water Electrolysis)법은 1960년대 전까지는 물을 전기분해하여 수소와 산

소를 생산하는 보편적인 수단이었다. 오늘날에는 물의 전기분해방법은 일부에서만 이용하고 있는데, 순도가 높은 수소를 소량 생산할 때 이용된다. Los Alamos 국립연구소, Humbolt 주립대학 등 여러 연구기관에서 태양전지이용 수 전해분해 수소 제조기술을 연구하고 있다. 전기분해에 의한 방법이 다시 관심을 갖게 됨은 자동차 연료공급 스테이션이 건설되면서 자동차연료로 관심을 갖게 되었기 때문이다. 특히, 태양광 이용 또는 풍력이용 등의 재생에너지 이용 전기발전에 의한 수소연료 생산기술을 확립하기 위하여 노력 하고 있다.

□ 생물학적 수소 생산기술

미국에너지부(DOE)가 지원하는 수소연구개발 프로그램의 일부로 생물학적 수소 생산기술개발을 위한 연구지원을 DOE산하의 National Renewable Energy Laboratory와 Oak Ridge National Laboratory를 비롯하여 Hawaii 대학, Miami 대학에 하고 있다. 하와이대학에 소속한 하와이 자연에너지연구소에서는 광합성 생물반응기를 설치하여 연구를 하였다. 이 'Internal gas exchange 광합성 생물반응기'는 시험 개발용 230ℓ 규모로 약 3.8cm 내경, 20m 길이의 튜브들로 바닥은 manifold aerator에 연결되고, 위는 배출가스 수집조에 연결되어 있다. 이 배양시설은 현지의 태양광 조건과 넓은 지역을 이용하여 고안된 tubular 광 생물 반응기로 균체의 성장과 태양광에 의한 균체 성장 영향 및 가스 생성연구를 수행하였으며, 균체 내 축적된 고분자물질을 발효기질로 하여 혐기조건에서 광합성 수소 생산을 대용량화할 계획이다.

Biotech. Ltd가 개발한 Bio-coil 배양기는 가장 잘 알려진 형태의 광합성 생물배양기이며, 긴 튜브가 중간에 실린더를 만들면서 감아 올라가는 형태를 지닌다. 이러한 기하학적 형태가 지나친 압력 손실과 태양 흡수면적을 최대화하지 못하는 단점을 가지고 있다. 또한 bubble을 주입하는 평판형의 수조 및 수직형의 컬럼 배양기는 일반적으로 광을 받을 수 있는 넓은 표면적을 갖도록 하기 어려운 반응기 형태로 알려져 있다.

미국 에너지부(DOE)는 2003년부터 Institute for Biological Energy Alternatives에 3년간 연구비 9백만 불을 추가 지원하여 미생물에 의한 이산화탄소 제거 및 수소 생산에 관한 연구를 수행하고 있으며, 수소 생산 미생물 유전자 규명을 위한 연구를 진행하고 있다.

□ 열화학 사이클에 의한 수소 제조

미국 DOE에서 열화학 사이클에 의한 수소제조방법에서 제일 우선적으로 수행해야 할 실증실험으로 순환물질로 유황과 요오드를 사용하고, 열원으로 원자력을 이용하는 수소생산 실증실험을 산업체와 성부연구기관의 주노 하에 정부와 대학은 지원하는 체재로 수행할 것을 채택하였다. 미국의 General Atomic Co에서 발표한 G. A. 사이클은 아래와 같은 3단계의 유황, 요오드계 사이클이다.

$$2HI \rightarrow I_2 + H_2 \; 425℃$$
$$2H_2O + SO_2 + I_2 \rightarrow H_2SO_4 + 2HI \; 120℃$$
$$H_2SO_4 \rightarrow H_2O + SO_2 + 1/2 \; O_2 \; 850℃$$

열화학 사이클에 의한 수소 제조방법에서 실증실험은 산업체와 정부연구기관이 주도하여 수행하고, 정부와 대학은 지원하는 체재로 할 계획이다. 그리고 이 열화학 사이클에 의한 수소 제조방법은 2010년 내에 수행되어야 할 기술과제로 책정하였다. 특히 열화학 사이클의 순환물질로 황이나 요오드를 사용한 PDU를 중요 과제로 선정하고, 다른 순환물질을 이용하는 사이클에 대해서는 우선은 실증실험이 아닌 기초연구를 착수할 계획이다.

□ 광합성세균을 이용한 수소 생산기술

미국에서도 오래되지 않은 기술 분야로서 미국에너지부(DOE)는 이 분야의 기초연구 및 실증연구계획을 세워 추진하고 있다. 광합성세균은 일반적으로 여러 가지 유기성 폐수 및 폐자원으로부터 유기산 및 당을 이용해서 수소를 발생하지만, 이외에도 유기물을 분해하는 과정에 체내에 베타-카로틴, DHA, EPA 등 고부가가치 물질을 축적해 부수적인 효과를 거둘 수 있다. 미국 하와이 자연에너지연구소의 수소 생산연구과정을 통해 설립된 벤처회사 사이어노텍는 바다에서 조류를 키워 미국에서 소비되는 베타-카로틴의 30%를 생산하고 있다.

□ 광촉매활용 수소 제조

광촉매를 이용한 물 분해 수소 제조연구 결과에서 우수한 촉매는 GaAs 및 GaInP2 반도체 광촉매로 알려져 있으나, 광촉매 제조가격이 매우 높고, 부식으로 인한 어려움이 있는 것으로 알려져 있다. 광촉매 활용 수소 제조는 대학을 중심으로 이미 기초연구가 많이 진행되었지만, 현 시점에서는 효율, 경제성의 저조로 활발하지 못한 상태이다. 그러나 광촉매를 활용한 수소제조방법은 장기적으로 미래에 중요한 기술로 평가되고 있기 때문에 다른 제조기술과 함께 장기계획으로 미국 DOE의 지원으로 연구를 수행하고 있다.

(2) 유럽

유럽연합(EU)은 2020년대 초 EU 수소전략을 발표하고 2030년까지 연 1,000만 톤의 청정수소(그린/블루 수소 포함) 자체 생산과 추가 1,000만 톤의 수소 수입을 목표로 설정했다. 또한 수소 인프라 구축을 위해 정책 금융을 지원하고, 2023년에는 탄소국경조정제(CBAM)를 도입하여 수소 사용을 통한 산업 탈탄소화를 유도하기 시작했다.

수소에너지 관련 기술개발 노력은 수소가 21세기에 예상되는 에너지 문제와 환경문제를

동시에 해결할 수 있다는 관점에서 시작되었다. 유럽의 국가들은 공동으로 또는 단독으로 기술발전을 위한 프로그램들을 가지고 있다. 세계 에너지기구(IEA)의 수소 제조 및 이용에 관한 수소 프로그램에는 11개국이 참여하고 있다.

유럽국가가 공동으로 협력하여 개발한 대표적인 프로젝트의 예로, 유럽 9개 국가에서 20개 기관이 협동하여 개발한 EIHP2 프로그램(European Integrated Hydrogen Project-Phase II)을 들 수 있다. EIHP2(2001-2004)에서는 수소자동차의 대량 보급을 위하여 수소스테이션, 수소자동차와 관련된 안전법규 제정, 표준화, 코드 확립을 위한 연구를 진행하였다. 그간 성공사료의 예로서는 자동차용 액체수소와 압축가스수소를 상용하기 위해 유럽국가 모두 수긍할 수 있는 규정 및 코드를 개발하였다. 연구기간은 2001년 2월에 착수하여 2004년 1월까지 3년의 기간이 소요되었다. 예산은 5백만 EURO이며, 벨기에, 프랑스, 독일, 그리스, 네덜란드, 노르웨이, 스페인, 스웨덴, 영국 등의 9개국에서 20개의 협력업체가 참여하였다. 〈그림 9〉에서 참여한 20개의 협력 업체를 볼 수 있다. 그 결과를 2004년 6월 14~15일에 런던에서 개최된 Cute Conference에서 발표하였다.

그림 9 EIHP2 프로젝트 협력업체

EU 내에서 가장 활발한 수소 프로그램을 진행하는 국가는 독일이며 EIHP(European Integrated Hydrogen Project)와 TES(Transport Energy Strategy)를 주축으로 하는 수소시스템 구축계획 및 다양한 개별 수소 실증 프로그램이 연방정부, 지방정부 그리고 산업체의 공동 참여 하에 가동되고 있다. 기본 구상은 자연에너지로부터 수소를 생산하고 이를 고효율로 이용하는 순환형의 사회를 구축하고자 하는 것이다.

TES 전략은 기본적으로 화석연료의 의존도를 감소시키고 대체에너지에 의한 동력시스템

을 구축하는 것을 목표로 한다. 2005~2007년까지 30개소의 수소스테이션을 설치하고, 2010년까지는 물의 전기분해에 의한 수소스테이션을 300개소 구축하며, 2010~2015년까지 파이프라인에 의한 수소 공급 인프라를 확립하는 것을 목표로 하고 있다. TES의 선도 그룹으로는 CEP(Clean Energy Partnership Berlin)가 있다. CEP의 목표는 재생에너지에 의해 생산된 연료 사용의 방향 설정이다. 특히 수소를 미래 에너지원으로 설정하고, 기후 변화 억제와 화석연료자원 절약에 대한 전망을 제시하는 것이다. CEP 프로그램의 의의는 재생에너지에 의한 수소 생산부터 액상 및 기상 수소의 저장, 수소자동차에 대한 충전까지 관련 수소기술의 통합된 시스템 실증에 있다.

독일 수소프로젝트(German Hydrogen Projects)는 독일의 German Hydrogen Association(DWV) 주관 하에 1997년부터 수행되고 있으며, 수소의 생산, 수송 및 저장, 안전장치, 차량용과 주거용으로의 시스템 적용 등 광범위한 영역에 걸쳐 연구를 하고 있다. 국공립 연구소별로 추진하고 있으며 독일수소프로젝트 계획 하에서 16개 분야에서 300과제 이상을 추진하였다. 2000년에는 기술개발비가 32백만 DM이였으며, 그 후 계속 증가하는 추세이다. 또한 독일은 태양-수소에너지 프로젝트에 집중적인 지원을 하였다. 이 독일수소프로젝트 이전에도 독일정부는 Solar-Hydrogen Project를 세우고 수소 제조 및 이용을 위하여 1992년에서 1999년까지 44.5백만 불의 기술개발비용을 태양-수소 프로젝트를 위하여 투자하였다. 독일은 현재 수소 제조의 광범위한 분야에서 기초연구를 수행하고 있다. 독일은 생물학적 수소 생산기술연구를 현재 일부대학과 기업이 주최가 되어 연구하고 있다. Aachen 공대와 ISA-tec.은 빗물과 우유가공공장 폐수를 이용하여 광합성 박테리아인 purple non-sulfur bacteria로부터 2ℓ/hr/m2의 수소 생산력을 갖는 vertical modular 형의 옥외 수소 생산시설을 가동하고 있으며, 태양광 변환효율은 약 2%로 발표하였다.

독일의 경우 지역 정부 차원의 개별 프로젝트도 활발히 진행되어 왔으며, 대표적인 개별 실증 프로젝트로는 Bavaria 시의 액상수소 이용 내연기관 버스 프로그램(1996~1998), 뮌헨공항 수소버스-수소스테이션 연계 프로그램(1999-), 함부르크 압축수소 VAN(내연기관, 연료전지) 프로그램(1999~2002), Euro-Quebec Hydro- Hydrogen 프로그램(1989~2000)이 있다. 정지형의 열병합 발전용 연료전지 시스템과 관련하여 독일 내 보일러 전문 기업인 Vaillant사와 미국의 연료전지 전문회사인 Plug Power사는 천연가스 개질기가 포함된 가정용 고분자 연료전지 시스템 13대를 유럽 내에 설치한 후 실증 시험을 수행하였다(2002~2003).

□ 생물학적 수소 생산기술

이 분야에서는 독일을 비롯한 영국, 프랑스에서도 광범위한 분야에 걸쳐서 기초연구를 수행하고 있다. 특히 프랑스는 캐나다와Euro-Quebec and Hydrogen World Council

을 통한 장기과제를 수행하고 있다. 생물학적 기술에 의한 수소 생산기술은 지구온난화, 대기오염에 의한 환경문제와 생태 시스템파괴에 대한 시급한 해결책 등의 요구가 부각되면서 독일을 비롯한 유럽에서 다시 시작되었다. 박테리아 및 조류를 이용하여 수소를 생산하는 장단기적인 생물학적 기술이 이루어지고 있다.

생물학적 기술에 의한 수소 생산을 위하여 EU 국가들은 EU Bio-hydrogen 및 COST Action 841에 의해서 혐기 및 광합성 발효에 의한 수소 생산과 시아노 박테리아(cyanobacteria)의 수소 생산성을 증가하는 genetic 연구에 대하여 지원을 하고 있다. 또한 네덜란드는 2001년부터 유기물로부터 혐기 발효 및 광합성 발효에 의한 생물학적 수소 생산프로젝트인 EET-BWP을 지원하여, 11개 연구기관이 공동으로 추진하고 있다.

독일 Aachen 공대와 ISA-Tec.에서는 빗물과 우유가공공장 폐수를 이용하여 purple non-sulfur bacteria로부터 2ℓ/hr/㎡의 수소 생산력을 갖는 vertical modular 형 옥외 수소 생산시설을 가동하였다. 그동안 200일 연속가동으로 최대 수소 생산율로 맑은 날 40ℓH2/㎡/day을 생산하였으며 태양광 변환효율 2%의 성과를 보였다.

열화학적인 수소 제조기술에 대한 연구는 IEA의 Annex 1에 의해서 EU국가들에서 연구한 바 있으며, 고온열의 필요로 고온반응기에 대한 연구도 Annex II에 의해서 수행한 바 있다. 이탈리아 Ispra 연구소(EC 부속기관)에서 제안하고, 세계 최초로 실험적 검토를 마친 Ispra Mark I 사이클은 1,000℃ 이하에서 물 분해의 가능성을 보여주었으며, 현재는 200여 개의 열화학적 물분해 사이클이 제안되었다.

EU는 에너지기술 R&D를 위한 'JOULE-THERMIE' 프로그램, 에너지 절약을 위한 'SAVE' 프로그램과 대체에너지의 개발·보급을 위한 'ALTERNER' 프로그램 등을 마련하여 추진하고 있다. 최근에는 'Intelligent Energy for Europe' 프로그램(2003~2006)을 개발하여 에너지 효율 향상과 대체가능한 에너지 개발에 2억 1,500만 유로(1억 8,940만 달러)를 투자할 계획이다. 이러한 프로그램 하에서도 수소 제조연구가 일부 진행되고 있다. 〈그림 10〉에 유럽국가가 참여한 수소개발 프로그램들을 나타내었다.

Hydrogen 개발 Program	관련 국가
DOE Hydrogen E. Program	미국, 일부 유럽국가 참여
WE-NET	일본, 유럽국가
Euro-Quebec	캐나다, 유럽연합
IEA-Hydrogen Program Annex-1-15	미국, 일본, 캐나다, 독일, 유럽연합
Norway-Germany	노르웨이, 독일
HY_SOLAR	독일, 사우디아라비아
Space-station	다국적 프로그램
German Hydrogen Project	독일

그림 10 유럽국가 참여 수소개발 프로그램

(3) 일본

일본은 2017년 "수소기본전략"을 수립한 이후 2023년에 이를 개정, 2030년까지 수소 공급 비용을 현재의 1/3 수준인 30엔/Nm³로 낮추기 위한 로드맵을 제시했다. 이를 위해 향후 15년간 민관 공동으로 총 15조 엔(약 140조 원)에 달하는 투자 계획을 발표하고, 해외 청정수소(호주산 갈탄 수소 등) 도입과 수소 발전 실증에 나섰다.

수소에너지 시스템 구축을 통하여 21세기에 에너지를 안정적으로 확보하고, 국가 경쟁력 강화를 위해서 노력을 경주하고 있다. 지금까지 추진완료 또는 추진 중인 대표적인 프로그램으로 WE-NET 프로그램, New H2 Project(Safety technology) 그리고 JHFC 실증 프로젝트를 들 수 있다. 일본은 매우 적극적인 수소에너지 시스템 구축을 위한 노력을 경주하고 있으며, 상업화 계획을 적극 추진하고 있다.

□ WE-NET(World Energy Network) 프로그램

일본의 WE-NET(World Energy Network) 프로그램의 목적은 에너지와 환경을 해결할 수 있는 혁신적인 기술을 개발하는데 있다. 이를 위한 프로그램 중의 하나가 수소를 이용함으로써 국제 청정에너지시스템을 구현하는 것이다. WE-NET는 METI(Ministry of Economy, Trade and Industry) 산하의 NEDO가 주관하여 추진하며, 이 프로그램에서 수소제조와 관련된 종국적인 목표는 재생 가능한 에너지(수력, 풍력, 태양)로부터 수

소를 생산하는 것이다.

WE-NET 계획에서 수소에너지기술개발은 다음의 세 가지 단계로 구성되어 수행된다.

- 1단계(1993년~1998년) : 국제수소에너지망을 구성하여, 협동으로 수소 생산, 운반, 저장, 이용 분야에서 기초연구 및 핵심기술 개발에 목표를 둔다.
- 2단계(1999년~2005년) : 1단계에서 성취한 결과를 평가하고, 수소에너지사회로 가기 위해서 달성해야 할 기술을 개발하고 수소에너지 이용을 증대시켜가는 노력을 하는 것이 2단계의 목적이다.
- 3단계(2006년~2020년) : 2단계에서 달성한 결과를 평가할 예정이며, 수소에너지 생산, 수송 및 저장, 이용기술을 계속 개발해 나가면서 수소에너지 보급 및 이용기술을 확대하여 갈 실천계획을 세우는 것이 목표이다.

WE-NET 프로젝트의 III단계에서 수소제조 계획에는 물의 전기분해를 통한 수소의 생산 등을 포함한 여러 수소제조기술을 확립하는 데 있으며, 2020년까지 계속 지원할 계획이다. 현재 수소 생산을 위한 물 전기분해기술의 하나로 PEM electrolysis(Polymer Electrolyte Membrane Water Electrolysis)를 채택하였다. 이 방식은 기존의 알칼리성 물의 전기분해에 의한 방식보다 높은 90% 이상의 효율을 기대하고 있다. 일본은 수소 이용 에너지 시스템을 개발하여 2025년까지 총 에너지의 10%를 수소로 공급하겠다는 웅대한 계획을 세워 놓고 있다.

New H2 Project(Safety technology)는 WE-NET 프로그램의 후속 프로그램으로 NEDO가 주관하는 New H2 Project가 추진 중이며 기간은 2003년 4월부터 2007년 말까지이다. 수소이용기반을 확충하는 데 목적을 두고 있다.

□ JHFC 실증 프로젝트

이 프로젝트는 METI 산하의 FCCJ(fuel cell commercialization conference of Japan), JEVA(Japan electric vehicle association) 그리고 ENAA(engineering advancement association of Japan)가 참여하여 수소스테이션 프로젝트를 단기간(2002~2004)에 건설하기 위하여 추진하였다.

수소스테이션은 동경 및 요코하마에 5개의 실증용 수소스테이션을 건설하였으며, 수소제조원은 가솔린(Yokohama -Daikoku), 나프타(Yokohama- Asahi), 액상수소(Ariake), LPG(Senju) 그리고 메탄올(Kawasaki)을 사용하였다. 수소 생산규모와 순도는 30Nm3/hr 및 99.99%이다. 단위공정은 수소제조를 위한 스팀리포밍, PSA 분리, 저장(400 기압) 및 디스펜서(250 혹은 350기압)로 구성된다.

□ 생물학적 수소 생산기술

일본 통산성과 민간기업이 후원하고 신 에너지 및 산업기술종합기구(NEDO)와

Research Institute of Innovative Technology for the Earth(RITE)가 주관하여 생물학적 기술에 의한 수소 생산기술 개발연구가 지난 10여 년 간 수행되었다. 일본의 대학, 연구소 및 해외와 공동협력으로 기술을 개발하였고, 기술개발에 투자비가 35억 엔이었다. 기술개발에 참여한 연구기관은 일본 National Inst. of Bioscience & Human-Technology가 주최가 되어 Tokyo Univ. of Agriculture & Technology, Ibaraki University, King's college London, Hawaii Natural Energy Inst. 등이다. 이 연구는 유기폐기물로부터 혐기 박테리아와 광합성 박테리아를 이용하여 수소를 생산하는 실질적인 공정에 초점을 두고 있으며, Ishikawajima-Harima 중공업, Kubota Corp, Harima 중공업 등은 IEA Annex 15에 의한 기업체와 국가 간의 공동 참여로 박테리아 및 조류를 이용하여 수소를 생산하는 장단기적인 생물학적 기술 개발에 참여하고 있다.

Kubota Corp.은 하수 슬러지(sewage sludge)를 150℃ 10기압에서 열전처리로 하수 슬러지 중의 유기산 함량을 약 2~3배로 증가시킨 후, 태양광을 optic fiber로 집광한 후 배양시설 내부로 끌어들여, 수소 생산과 아울러 광합성 박테리아가 축적하는 고부가 가치 물질을 상품화 할 목적으로 약 20ℓ 규모의 광생물 반응기를 개발하였다.

Harima 중공업에서는 유기성 폐수를 혐기 박테리아로 수소와 유기산을 생산하고, 생성된 유기산으로부터 800ℓ 규모 nfloating type 광합성 생물반응기를 호수 위에 띄워 purple bacteria에 의한 수소 생산시설을 개발하였다. 오사카 Kansai 발전소에서는 조류, 광합성 박테리아 조합공정으로 800ℓ 규모의 배양기로 탄수화물을 축적하여 광합성 세균으로 유기산, 알코올을 평판형 또는 칼럼형의 광합성 반응기로 혐기조건에서 수소 생산연구를 수행하였다.

Harima 중공업은 유기성 폐수를 1단계에서 혐기 박테리아로 수소와 유기산을 생산하고 생산된 유기산을 800ℓ 규모의 floating type 광합성 생물반응기를 호수 위에 띄어서 purple bacteria에 의해 수소를 생산하는 시설을 개발하였고, 투명 아크릴 재질로 만든 배양기를 호수위에 설치하여 교반 및 온도조절 효과를 보고하였다.

□ 광촉매활용 수소 제조방법

일본에서 광촉매활용 수소 제조는 처음엔 TiO2촉매를 사용하였고, 후에 SrTiO3 촉매 등을 활용하였다. 그리고 지금은 이보다 활성이 우수한 K4Nb6O7과 같은 광촉매를 개발하여 물 분해 활성을 상당한 수준으로 끌어올렸으나, 아직까지 이 촉매들은 자외선 영역의 광원에서만 반응을 일으키고 있고 계속 연구 중이다.

광촉매 활용 수소 제조는 대학을 중심으로 이미 기초연구가 많이 수행되었으며, 현 시섬에서는 저조한 효율, 낮은 경제성을 극복하는 것이 문제이다. 현재까지 연구된 수소 제조기술에 관련된 광촉매는 층상구조 화합물계(일본 동경공대의 Domen그룹,

K4Nb6O17 광효율 20%), 금속 산화물(Sato그룹 Anpo그룹, 귀금속/TiO2 + NaOH 또는 carbonates, 불순물 도핑) 및 비 산화물계(CdS, ZnS), 광 감응제를 이용한 가시광 광촉매계 및 복합 광촉매계 등을 들 수 있다.

지금까지 Oxide계 광촉매와 가시광을 이용한 물 분해 수소 제조연구결과 가운데 최고의 결과로 평가되는 것은 최근 일본에서 개발된 In1-xNixTaO4 광촉매이다. 이 촉매는 402nm 가시광원에서 0.66%의 광 효율로 낮으나, 가시광을 이용하여 순수물을 분해했다는 점에서 평가를 받고 있다.

□ 열화학적 수소 제조기술

열화학적 수소 제조기술에서 UT-3 사이클(동경대학), Mg-S-I 사이클(일본화학기술연구소), IS 사이클(일본원자력연구소) 등이 대표적으로 연구된 열화학 사이클이다. 열화학 사이클에 의한 수소 제조는 일본에서 연구를 계속해왔으며, 최근에는 금속산화물을 이용한 2단계의 열화학 사이클이 연구 중이며, 태양열을 이용한 시스템으로 구상하고 있다.

앞에서 지적한 동경대학 화학공학과에서 개발한 UT-3 사이클과 일본화학기술연구소에서 개발한 Mg-S-I 사이클은 모두 4단계 반응으로 구성되어 있다. 일본 원자력연구소에서는 Sulfur-Iodine 사이클을 연구하고 있는데, 미국 General Atomic Co가 개발한 G.A. 사이클에 기초한 열화학 사이클로 일본원자력연구소(JAERI)는 30MW급 고온가스로 HTGR(High Temperature Gas Cooled Reactor) 인 HTTR(High Temperature Engineering Test Reactor)을 보유하고 있는데 이 시스템의 냉각가스 출구 쪽의 고온열을 S-I 사이클에 연계하여 사용할 계획이다.

□ 화석연료 이용 수소 제조기술

화석연료 이용 수소 제조기술은 NEDO의 주관 하에 WE-NET Phase II 수소프로그램에서 진행하고 있다. 일본 통산산업부에서는 석탄에서 수소 제조기술 개발계획을 밝혔다. 석탄은 석유에너지에 밀려 일본 내의 탄광이 잇따라 폐광되고 있는 실정인데 매장량이 풍부한 석탄을 수소에너지자원으로 재조명하기로 하였다. 이는 우리나라 실정에서도 참고할 수 있다.

일본의 토호가스(주)는 수소를 도시가스로부터 제조하여 공급할 수 있도록 수소스테이션 설치기술을 수행하고 있다. 이 회사의 종합기술연구소의 부지 안에 도시가스를 원료로 하는 수소 제조장치를 수소스테이션 용으로는 일본 최초로 설치하여 기술개발에 착수하였다. 2001년 2월부터, 이 수소 제조장치를 이용하여 도시가스 개질 수소스테이션의 실용화를 향한 기술개발을 시작하였으며, 2002년 10월 완공하였다. 2004년 11월 현재까지도 성공적으로 활용하고 있다.

이 도시가스 개질에 의한 수소스테이션의 기술개발에서는 천연가스로부터의 수소 제조와 연료전지자동차에의 수소 공급을 위한 기술개발을 중점적으로 실시하여 궁극적으로는 천연가스 개질 수소 이용방법의 조기 실용화를 목표로 하고 있다. 토호가스(주)가 Mitsubishi General Research and Dvelpment Center와 공동으로 연구한 결과 천연가스를 사용한 현장 개질이 다른 원료를 사용하여 개질할 때보다도 가장 효율이 우수하며, 전체 에너지효율은 32% 정도였다. 토호가스가 설치한 수소스테이션의 모양을 그림 〈그림 11〉에 나타냈다.

그림 11 토호가스(주) 설치 수소 제조장치(수소스테이션)

토호가스(주)는 천연가스로부터 수소를 제조하여 공급하는 수소 제조 장치(수소스테이션) 개발을 착수하여 장래의 수소사회에 대응키로 하였다. 이에 수소스테이션에서 수소의 제조, 저장 및 충전에 관한 종합된 기술을 개발하고 있다. 천연가스를 스팀 개질하여 수소를 제조하여 공급하는 수소스테이션 장치의 열매 운전 성능과 최적 운전방법 파악 및 소형, 저 비용을 위한 기술의 확립을 목표로 하고 있다.

수소 제조장치의 수소 제조능력은 시간당 40m3(N)이며 천연가스 스팀 개질에 의해서 수소를 생산하고 PSA(압력스윙흡착)에 의해서 수소를 정제하여 순도 99.99% 이상을 얻는다. 이는 연료전지자동차 30대/일에의 수소 충전 능력에 상당하는 양이다. 장치 면적은 수소 제조 시험을 위하여 약 80m2, 저장 시험을 위하여 60 m2의 면적을 차지한다. 천연가스로부터 수소를 만드는 수뇐 반응식은 $CH_4 + 2\ H_2O \rightarrow 4\ H_2 + CO_2$이며 수소의 제조, 저장, 및 충전의 공정 흐름도는 〈그림 12〉와 같다. 이 수소제조장치는 수소스테이션 용으로는 일본에서는 최초의 것이다.

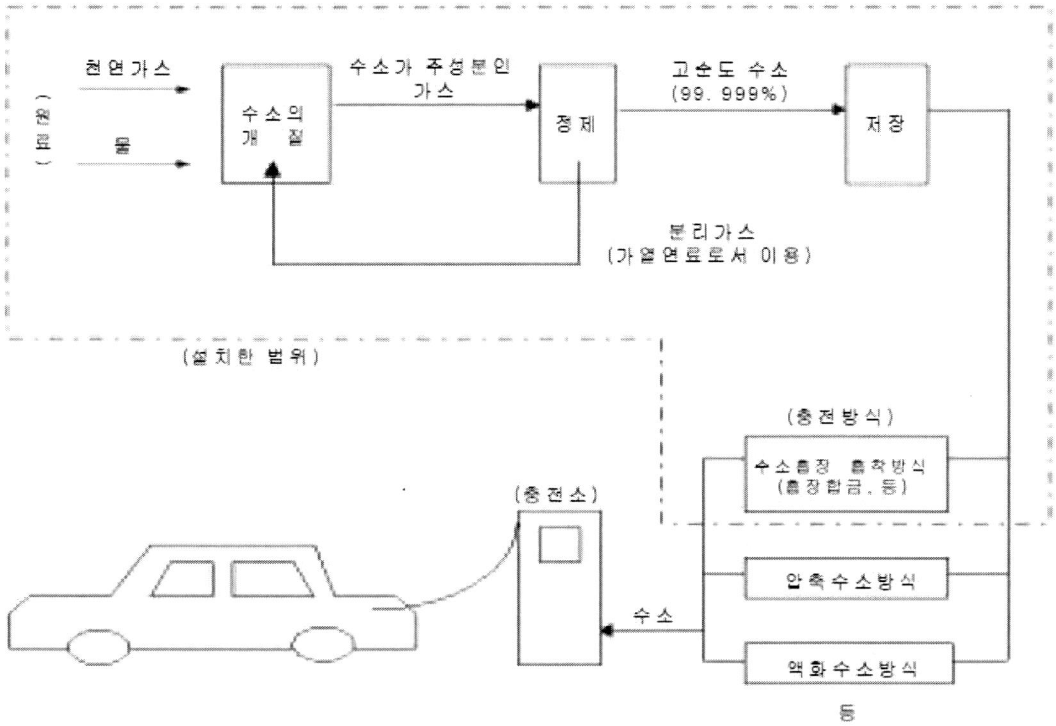

그림 12 천연가스 제조, 저장, 충전의 흐름도

2) 수소 제조 관련 특허

수소 기술에 대한 세계적인 관심 증가는 특허 출원 동향에도 반영되었다. 2010년대 이후 수소 생산 부문에서의 특허 출원 건수는 급격한 증가세를 보였다. 특히 기후변화 대응 기술로서 주목받는 저탄소 수소 생산 분야(그린/블루 수소)의 혁신이 특허 활동을 주도하였다. 유럽특허청(EPO)과 국제에너지기구(IEA)가 2023년에 발간한 공동 보고서에 따르면, 2011~2020년 간 전 세계 수소 관련 국제특허 가족 중 수소 생산 기술이 가장 큰 비중을 차지했다. 그리고 그 안에서도 수전해를 비롯한 저탄소 기술이 2020년 기준 수소생산 특허의 80% 가까이를 차지할 정도로, 연구개발의 방향이 빠르게 전환되고 있었다. 이는 전통적 개질, 가스화 등 화석연료 기반 기술보다 수전해, 광분해 등 청정기술에 전 세계적인 혁신 자원이 집중되고 있음을 보여준다.

지역별로 보면, 수소 생산 관련 특허에서 유럽과 일본이 두 강국으로 나타났다. 2010년대에 공개된 수소기술 국제 특허 중 EU 출원이 약 28%, 일본이 24%를 차지하여 선도적인 위치에 있었다. 독일, 프랑스, 네덜란드 등의 기업과 연구기관들이 수전해 시스템, 촉매, 재료 분야에서 활발히 특허를 확보했고, 일본도 자동차 업체(도요타 등)와 전기화학기업을 중심으로 다수의 수전해·개질 관련 발명을 출원하였다. 미국은 20% 수준으로 그 뒤를 이었으나, 최근 10년간 증가세는 상대적으로 정체된 것으로 분석되었다. 반면 중국과 한국은 아직 글로벌 수소 특허에서 차지하는 비중은 각 한 자릿수 %로 크지 않

았지만, 출원 증가율은 크게 상승하는 추이를 보였다. 특히 중국은 내수 시장 확대와 정부 지원으로 수소 기술 특허가 폭증하는 모습이며, 한국도 2020년대를 맞아 민관의 수소 연구 투자 확대에 힘입어 국제특허 건수가 꾸준히 늘고 있었다.

기술 분야별로는, 수전해 기술이 단연 특허의 핵심 영역으로 떠올랐다. 수소 생산 관련 신규 특허 중 절반 이상이 전기분해 장치, 전극 촉매, 막전해질 등 전기화학적 수소 생산에 집중되었다. 이는 앞으로 그린수소 생산이 주류가 될 것이라는 산업계의 예측이 반영된 결과로 풀이된다. 촉매의 경우 저가 촉매 조성, 나노구조 제어, 전극 내구성 개선에 관한 발명이 다수 출원되었고, 시스템적으로는 수전해 스택의 효율 향상, 재생에너지 연계 운전 제어 관련 특허도 나타났다. 한편 개질, 가스화 등 화석 기반 생산 영역은 특허 비중이 예전보다 줄었으나, 여기에도 CO_2 포집이 통합된 개질 공정, 촉매 개선 등의 개선형 기술 특허가 이어지고 있었다. 열화학 사이클이나 광분해처럼 차세대 기술 분야는 아직 연구 단계여서 관련 특허가 많지는 않지만, 각국 연구기관에서 핵심 장치 및 소재에 대해 선제적 특허를 확보하는 움직임이 있었다.

수소 생산 기술 특허는 전통적인 에너지 대기업과 신생 기술기업 모두에서 활발히 창출되었다. 특허 출원 상위 주체를 보면 프랑스의 에어리퀴드(Air Liquide), 미국의 엑손모빌(ExxonMobil), 영국의 브리티시젤(BP), 일본의 도요타 등이 포함되어, 수소 관련 원천기술을 선점하려는 모습을 보였다. 또한 최근 두각을 나타내는 스타트업/벤처들도 특허 전략을 통해 혁신기술 보호에 나섰다. 예를 들어, 전기분해 시스템 스타트업인 ITM Power(영국)나 전극 소재 기업인 Haldor Topsoe(덴마크) 등이 자국 및 국제 특허를 다수 확보하고 투자 유치에 활용하고 있었다. 이처럼 특허는 수소 기술혁신의 중요한 기반으로 인식되고 있어, 세계 각국이 지식재산 전략 측면에서도 협력과 경쟁을 벌이는 상황이다.

물의 전기 분해와 관련된 주목되는 특허로는 특개2000-26986, 특개평08-106915 등이 있으며, 등유로부터 수소를 생성하는 개질기(특개2001-146406)는 등유가 원료인 점이 특징적이다. 또 탄화수소 개질의 주목 특허로는 소형화를 가능하게 하는 미스비시중공업·도쿄 가스의 멘브렌리아크타 개질기(특개평09-002801)를 들 수 있다. 수소의 정제 기술의 주목기술로는 스미토모 정화에 의한 소형 PSA 정제장치(특개2002-177726)를 들 수 있다.

이에 수소 제조기술에 관한 외국특허 동향을 조사하였다. 특허조사를 위해서 사용한 DB는 한국과학기술정보원(KISTI)의 영문DB USPA, JEPA, EUPA이다. 영문특허데이터베이스에서 수소 제조기술에 관한 특허를 조사하기 위하여 사용한 검색식은 나음과 같다.

- #1 s hydrogen and (production or produce or producing or generation

or generating) not peroxide

- #2 s #1/ti and (199001 - 200410/ad)
- #3 s #2 and ((C01B-003?) or (C25B-001?) or (B01J-023?) or(B01J-027?) or (C25B-009?) or (C10J-003?) or (C12P-001?))

특허분석을 위해서는 한국특허청 특허분석프로그램 PIAS(Patent Information Analysis System)를 사용하였다. 검색된 특허들을 International Patent Classification(IPC) main-group별 또는 Subgroup별로 분류하여 상위기술을 추출하였으며, IPC 국제특허 분류코드의 설명은 아래에 적었다.

○ IPC code 설명

- C01B-003 : 수소; 수소를 함유하는 혼합 기체; 수소를 함유하는 혼합물로부터의 그의 분리; 수소의 정제
- C25B-001 : 무기화합물 또는 비금속의 전해제조
- C25B-009 : 탱크 또는 탱크의 조립체; 탱크의 구조부분; 구조부분의 조립체, 예를 들면 전극-격막 조립체
- C01B-031 : 탄소; 그 화합물
- C10J-003 : 고체탄소질 연료에서 일산화탄소 함유 가연성 기체의 제조
- C25B-015 : 탱크의 보수 또는 조작
- C25B-011 : 전극; 달리 분류되지 않는 그 제조
- C12P-001 : 미생물 또는 효소를 사용한
- C01B-003/24 : ... 탄화수소의
- C25B-009/00 : 탱크 또는 탱크의 조립체; 탱크의 구조부분; 조부분의 조립체, 예를 들면 전극-격막 조립체
- 5B-001/02 : . 수소 또는 산소
- 1B-003/16 : .... 촉매를 사용하는 것
- C25B-001/04 : .. 물의 전기분해에 의한 것
- C25B-001/00 : 무기화합물 또는 비금속의 전해 제조
- C01B-031/20 : . 이산화탄소
- C01B-007/00 : 할로겐; 할로겐산
- C25B-015/08 : 전해질의 공급 또는 제거; 전해액의 재생
- C01B-003/12 : ... 일산화탄소의 수증기와의 반응에 의한 것
- C01B-003/32 : .. 기체 또는 액체 유기 화합물과 기화제, 예. 물, 산화탄소, 공기와의 반응에 의한 것

- C01B-003/48 : .... 일산화탄소와 수증기와의 반응에 따른 것
- C01B-003/26 : .... 촉매를 사용하는 것
- C01B-003/34 : ... 탄화수소와 기화제와의 반응에 의한 것
- C01B-003/58 : ... 촉매 반응을 포함하는 것
- C01B-003/38 : .... 촉매를 사용하는 것
- C01B-003/02 : 수소 또는 수소 함유 혼합 기체의 제조
- C01B-003/32 : .. 기체 또는 액체 유기 화합물과 기화 제, 예. 물, 산화탄소, 공기와의 반응에 의한 것
- C01B-003/04 : .. 무기 화합물, 예. 암모니아의 분해에 의한 것
- C01B-003/56 : .. 고체와의 접촉에 의한 것; 사용한 고체의 재생
- C01B-003/26 : .... 촉매를 사용하는 것
- C01B-003/00 : 수소; 수소를 함유하는 혼합 기체
- C01B-003/48 : .... 일산화탄소와 수증기와의 반응에 따른 것
- C01B-003/08 : ... 금속에 의한 것
- C01B-003/06 : .. 양전하된 수소를 함유하는 무기 화합물, 예. , 산, 염기, 암모니아와 무기 환원제와의 반응에 의한 것(물의 전기 분해에 의한 것
- C01B-003/40 : ..... 촉매를 특징으로 하는 것
- C01B-003/50 : . 기체 혼합물로부터 수소 또는 수소 함유 기체의 분리, 예. 정제
- C01B-003/40 : ..... 촉매를 특징으로 하는 것
- C12P-001/04 : . 세균의 사용에 의한 것
- C01B-003/16 : .... 촉매를 사용하는 것
- H01M-008/06 : .의 제조 또는 반응생성물의 처리를 위한 수단과 연료전지와의 결합
- H01M-008/04 : . 보조적인 장치 또는 방법, 예. 압력제어를 한 것, 유체순환을 위한 것
- B01D-053/22 : . 확산에 의한 것
- B01J-008 : 유체 및 고체입자의 존재 하에서 행하는 화학적 또는 물리적 공정 일반; 그를 위한 장치
- H01M-008 : 연료전지; 그의 제조
- B01J-023 : 금속 또는 금속산화물(마그네슘, 붕소, 알루미늄, 탄소, 실리콘, 티타늄, 지르코늄 또는 하프늄은 제외) 또는 금속수산화물로 된 촉매
- B01D-053 : 가스 또는 증기의 분리; 기체로부터 휘발성 용제증기의 회수; 배연 또는 배 가스의 화학적 또는 생물학적 정화

- B01D-071 : 재료에 의해 특징지어지는 분리공정 또는 장치를 위한 반투막; 이를 위해 특별히 적합한 생산 공정
- B01J-027 : 할로겐, 황, 셀레늄, 텔루륨, 인, 질소 또는 이들의 화합물로 된 촉매; 탄소화합물로 된 촉매
- B01J-035 : 형태 또는 물리적 성질에 특징이 있는 촉매 일반
- B01J-019 : 화학적, 물리적 또는 물리화학적 프로세스 일반
- B01J-021 : 마그네슘, 붕소, 알루미늄, 탄소, 실리콘, 티타늄, 지르코늄 또는 하프늄, 그 산화물 또는 수산화물로 된 촉매
- B01J-020 : 고체흡착조성물 또는 여과조제조성물; 그것들의 제조, 재생 또는 재활성화를 위한 공정
- B01J-023/38 : . 귀금속에 관한 것
- B01J-023/56 : ... 백금족 금속
- B01J-023/883 : ...... 몰리브덴과 니켈
- B01J-027/04 : .. 황화물
- B01J-027/043 : ... 철족 금속 또는 백금족 금속을 갖는 것
- B01J-037 : 촉매 제조를 위한 프로세스 일반; 촉매활성화를 위한 프로세스 일반
- B01J-008/00 : 유체 및 고체입자의 존재 하에서 행하는 화학적 또는 물리적 공정 일반; 그를 위한 장치
- B01J-008/02 : . 정지한 입자가 있는 것, 예. 고정상
- B01J-008/04 : .. 유체가 2 이상의 상을 연속적으로 통과하는 것
- B01D-071/02 : . 무기재료
-

금번 특허조사에서 사용한 검색식으로 얻은 수소 제조와 관련된 특허 수는 1990년 이후 미국특허는 250건이었으며, 유럽은 375건 그리고 일본은 735건이었다. 특허우선권 국가를 보면, 모두 일본에서의 특허 건수가 높은 비율을 차지하고 있다. 일본에서 일본특허에 출원한 건수가 많은 것은 물론, 미국특허 및 유럽특허에서도 일본에서의 출원이 매우 높다.

(1) 미국

미국 수소 제조에 관한 특허조사를 위해서는 앞에서 설명한 검색식으로 한국기술정보연구원의 영문DB UAPA를 사용하여 특허소사를 하였으녀, 한국특허청의 특허분석프로그램 PIAS를 사용하여 특허분석을 하였다. 검색된 특허들을 International Patent Classification(IPC) main-group별로 분류하여 중요기술들을 추출하였다. 기술별 IPC

main-group 분포를 〈그림 13〉와 〈그림 14〉에 나타내었으며, 〈그림 15〉에 기술별 IPC subgroup 분포를 나타냈다.

IPC 기술별 총 건수를 〈그림 13〉에 나타내었다. 미국 수소 제조 특허를 조사하기 위하여 영문 DB USPA를 사용하여 앞에서 설명한 검색 식으로 검색했을 때 1990년 이후 250건의 미국특허가 검색되었다. 〈그림 13〉에서 보면, IPC maingroup 분포에서 C01B-003이 154건으로 가장 많았으며, 다음으로 C25B-001 및 B01J-023이 각각 28건 및 20건으로 많은 건수를 차지하였다. 그 다음으로 많은 건수를 차지한 것은 B01J-008, H01M-008, C25B-009로 각각 18건, 16건, 14건이었다.

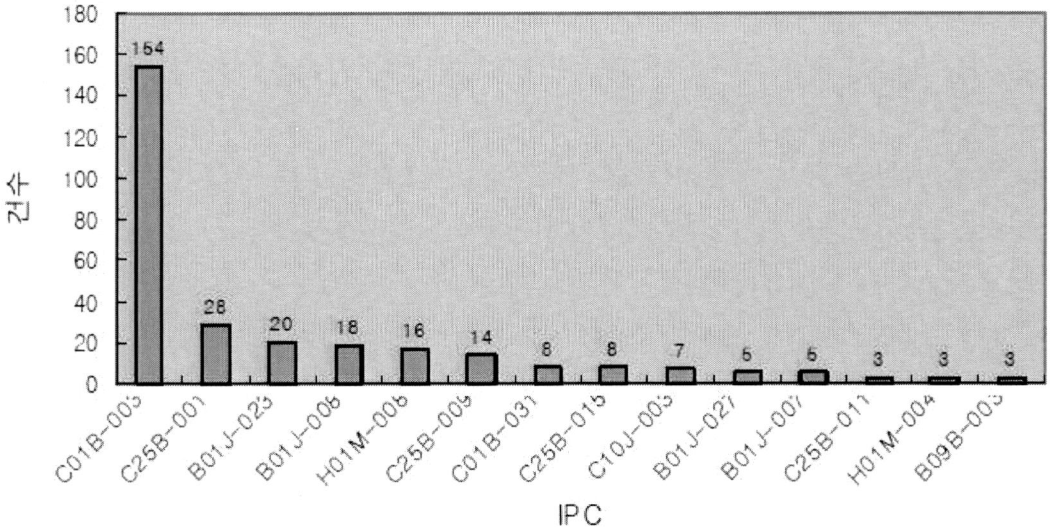

그림 13 수소제조 USPA-IPC main-group 기술별 건수

IPC 기술별, 연도별 건수를 〈그림 14〉에 나타내었다. IPC 기술별, 연도별 main-group 분포에서 C01B-003은 1999년을 기점으로 15건으로 증가한 후 2000년에 22건 특히 2001년 이후 급성장하여 2001년에 39건, 2002년에 32건 그리고 2003년에 34건이었다. 다음으로 C25B-001은 2000년 3건, 2001년 2건, 2002년 3건 그리고 2003년 6건이었다.

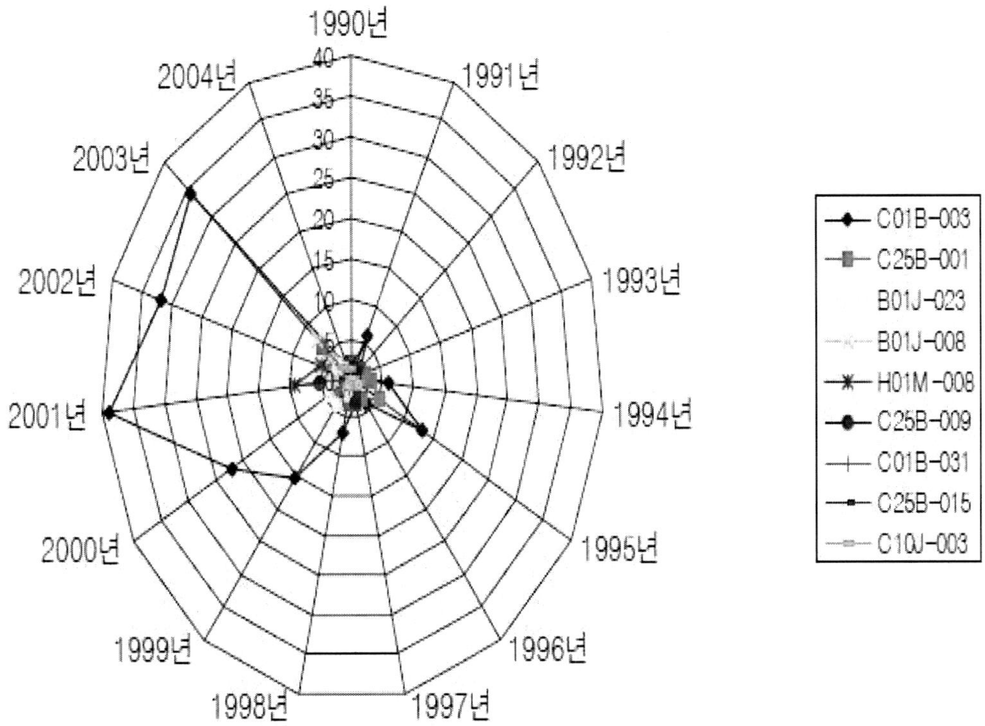

그림 14 수소제조 USPA-IPC main-group 기술별, 연도별 건수

다음 〈그림 15〉은 미국 수소 제조에 관한 특허조사를 위해서 설명한 검색식으로 영문 DB USPA를 사용하여 특허를 조사한 후 분석프로그램 PIAS를 활용하여 International Patent Classification(IPC) subgroup 기술별, 연도별 중요기술들을 추출하였다. 가장 많은 건수는 C01B-003/02였으며, 2000년에 6건, 2001년 5건, 2002년 9건, 2003년 7건이었다. 다음으로 C01B-003/26, C01B-003/08, C01B-003/24 그리고 C25B-001/02 순으로 건수가 많았다.

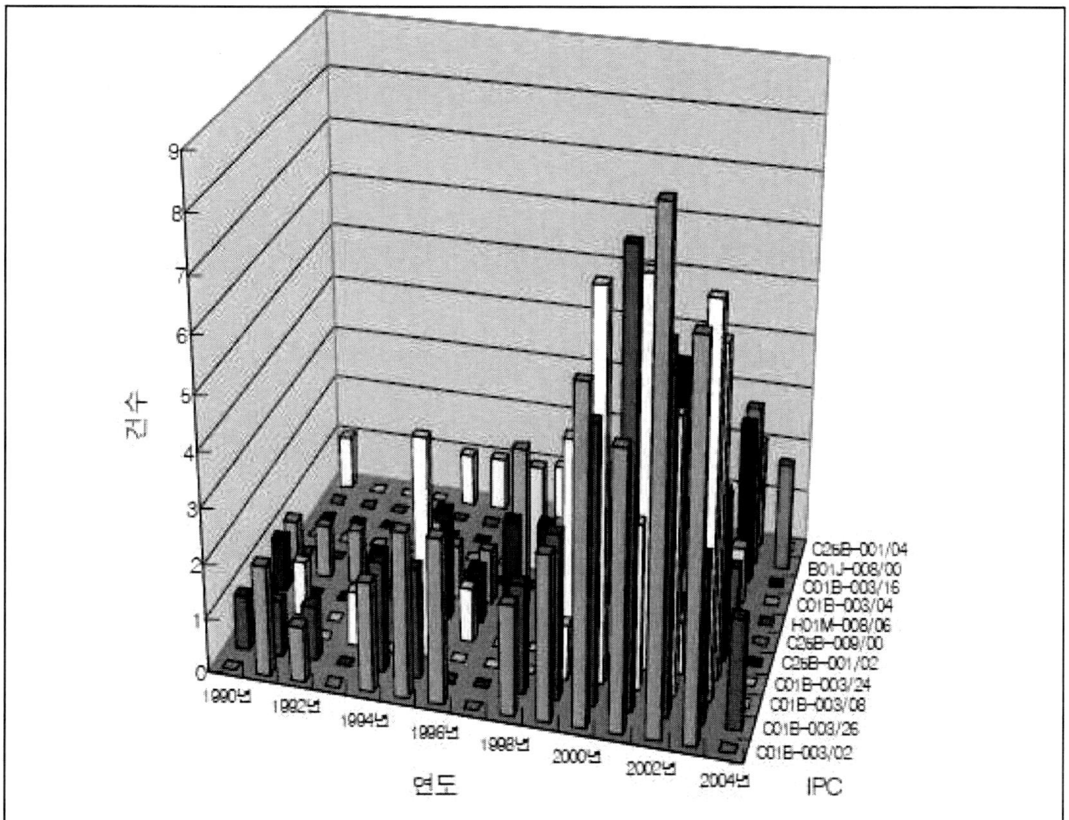

	1990년	1991년	1992년	1993년	1994년	1995년	1996년	1997년	1998년	1999년	2000년	2001년	2002년	2003년	2004년
C01B-003/02	0	2	1	0	2	3	3	0	2	3	6	6	9	7	0
C01B-003/26	1	1	1	0	2	2	0	0	2	3	6	8	6	3	2
C01B-003/08	0	0	0	1	0	4	0	0	0	1	7	3	6	7	0
C01B-003/24	0	1	0	0	1	2	1	0	0	4	1	7	1	6	0
C26B-001/02	1	0	0	1	0	2	1	2	2	0	2	1	1	3	0
C26B-009/00	1	1	1	0	0	1	1	3	0	0	0	4	0	0	0
H01M-008/06	0	0	0	0	0	0	0	0	0	0	1	6	6	1	0
C01B-003/04	0	0	0	0	0	0	0	2	0	0	1	2	6	1	0
C01B-003/16	0	0	0	0	0	0	0	0	0	1	1	4	1	3	0

그림 15 수소제조 USPA-IPC subgroup 기술별, 연도별 건수

(2) 유럽

유럽의 수소 제조에 관한 특허조사를 위해서 앞에서 설명한 바와 같이 KISTI의 영문DB EUPA를 사용하여 이미 설명한 검색식으로 특허조사를 하였으며, 특허청특허분석프로그램 PIAS를 사용하여 검색된 특허들을 IPC main-group 또는 IPC subgroup별로 분류하여 상위기술들을 추출하여 보았다. 금번 특허조사에서 사용한 검색식으로 얻은 수소 제조와 관련된 유럽특허 수는 1990년 이후 375건이었다.

〈그림 16〉은 EUPA IPC-main-group 기술별 점유율을 백분율로 나타내었으며, IPC

국제특허분류코드의 설명은 앞에서 설명하였다. 그림에 나타낸 바와 같이 C01B-003이 가장 높은 건수의 점유율인 40%를 보였으며, 다음으로 H01M-008, 8% 그리고 B01J-023, 5% 순이었다.

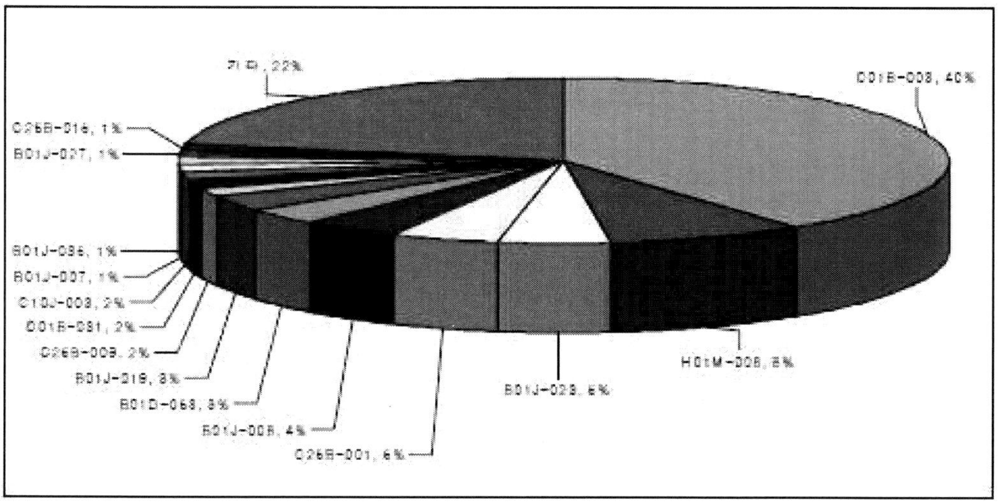

그림 16 수소제조 EUPA IPC main-group 기술별 점유율

<그림 17>은 유럽 수소 제조에 관한 특허조사를 위해서 설명한 검색식으로 영문DB EUPA를 사용하여 특허를 조사한 후 분석프로그램 PIAS를 활용하여 International Patent Classification(IPC) subgroup 기술별 점유율을 나타냈다. 가장 많은 건수는 C01B-003/38로 16%를 차지하였고, H01M-008/06이 14%, 그리고 C01B-003/06과 C01B-003/32가 모두 8%를 나타냈다. 이어 C01B-003/06, C01B-003/06이 모두 7%로 비교적 높은 점유율을 나타냈다.

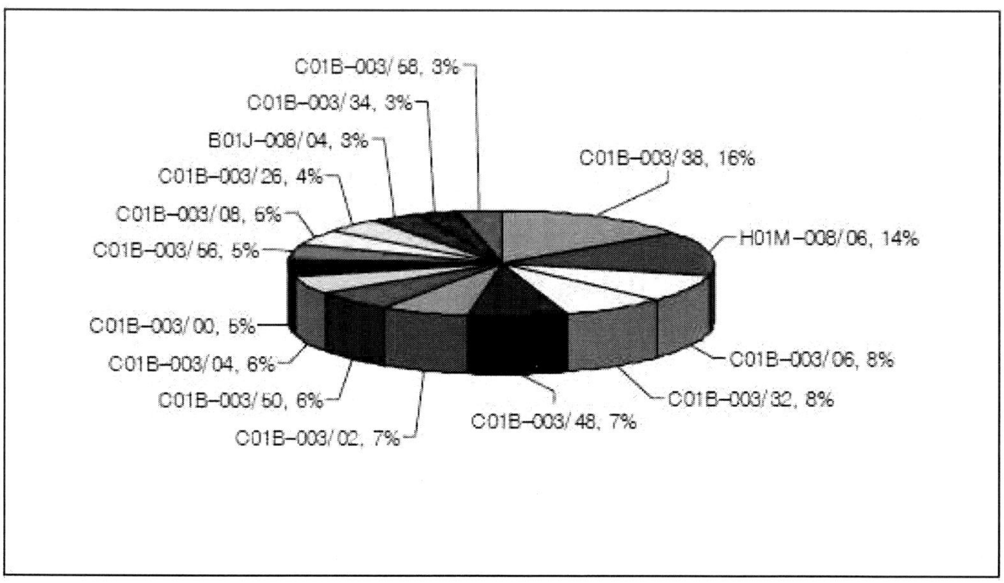

그림 17 수소제조 EUPA-IPC subgroup 기술별 점유율

(3) 일본

앞에서 설명한데로 수소 제조에 관한 일본특허조사를 위해서 KISTI의 영문DB JEPA를 사용하여 특허조사를 하였으며, 특허분석프로그램 PIAS를 사용하여 특허 분석을 하였다. 이미 지적한 검색식으로 검색된 1990년 이후의 일본특허는 735건이었다. UAPA에서 검색된 미국특허 250건과 EUPA에서 검색된 유럽특허 375건과 비교할 때 훨씬 많은 일본특허가 출원되었다는 것을 알 수 있다. 특히 일본특허에서는 물론, 미국특허와 유럽특허에서도 특허우선권 국가는 일본이 매우 높다는 것을 알 수가 있었다.

검색된 일본특허들을 1990년 이후 2003년까지 연도별 특허건수를 조사하였다. 〈그림 18〉에서 보는 바와 같이 1990년에서 1996년까지는 증가율이 둔화되었다가, 1997년 이후 매해 급격히 상승하는 추세에 있음을 알 수 있다. 이는 수소연료전지가 실용화 단계에 도달하게 됨으로써 수소연료전지와 연계한 수소제조 특허가 급격히 상승하고 있기 때문이다.

영문DB JEPA를 사용하여 검색된 일본특허들을 IPC main-group 및 IPC subgroup 기술별로 분류하여 상위기술들을 추출하고 〈그림 18〉 에 나타냈다. IPC code C01B-003이 가장 많은 건수를 나타내었으며, 2000년 이후 크게 증가하여 2000년에 103건, 2001년에 159건, 2002년에 201건이었다. 그 다음으로 건수가 높은 것은 H01M-008이었다. 이는 역시 수소연료전지와 연계된 수소 제조기술에 관한 특허가 크게 증가한 때문으로 2000년에 62건, 2001년에 75건 그리고 2002년에 102건이었다.

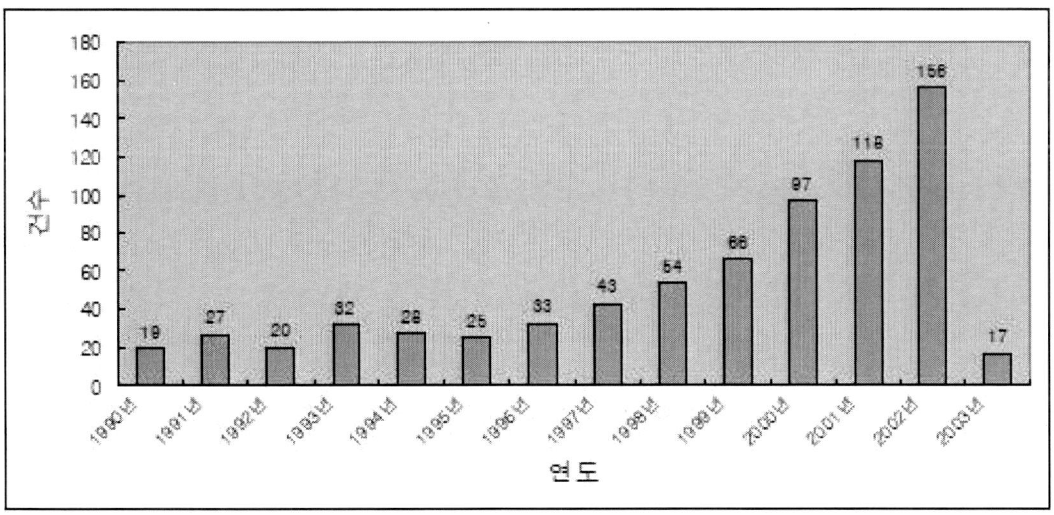

그림 18 수소제조 JEPA 연도별 일본특허건수

〈그림 19〉은 JEPA를 사용하여 검색된 일본특허들을 IPC subgroup 기술별로 분류하여 상위기술들을 추출한 것을 나타낸 그림이다. IPC code H01M-008/06이 가장 많은 건

수를 나타내었으며, 2000년 이후 크게 증가하여 2000년에 33건, 2001년에 48건 2002년에 70건이었다. H01M-008/06이 높은 것은 일본에서 수소연료전지가 실용화 단계에 도달하게 됨으로써 수소 제조와 연료전지와의 결합에 관한 특허가 많이 늘어난 현상에 기인한다. 다음으로 건수가 높은 것은 C01B-003/38이었으며, 그 다음으로 C01B-003/32, C01B-003/56, C01B-003/56 순으로 건수가 많았다.

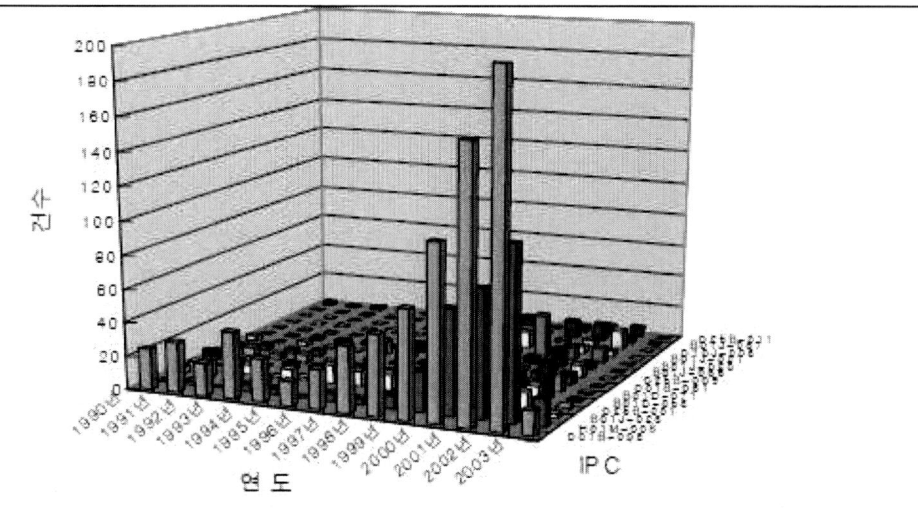

	1990년	1991년	1992년	1993년	1994년	1995년	1996년	1997년	1998년	1999년	2000년	2001년	2002년	2003년
C01B-003	24	30	19	40	26	15	24	39	46	64	108	159	201	14
H01M-008	0	2	0	4	4	0	5	4	9	24	62	75	102	16
B01J-026	5	10	9	4	11	12	29	15	29	22	54	25	14	3
C25B-001	3	2	5	0	2	11	9	10	15	4	6	7	13	2
B01D-053	6	2	0	4	4	2	6	4	3	9	11	18	22	1
B01D-071	0	8	3	5	2	2	1	2	5	7	5	4	11	1
C01B-031	1	3	2	3	2	1	1	3	2	7	2	5	6	0

그림 19 수소제조 JEPA IPC main-group 기술별, 연도별 건수

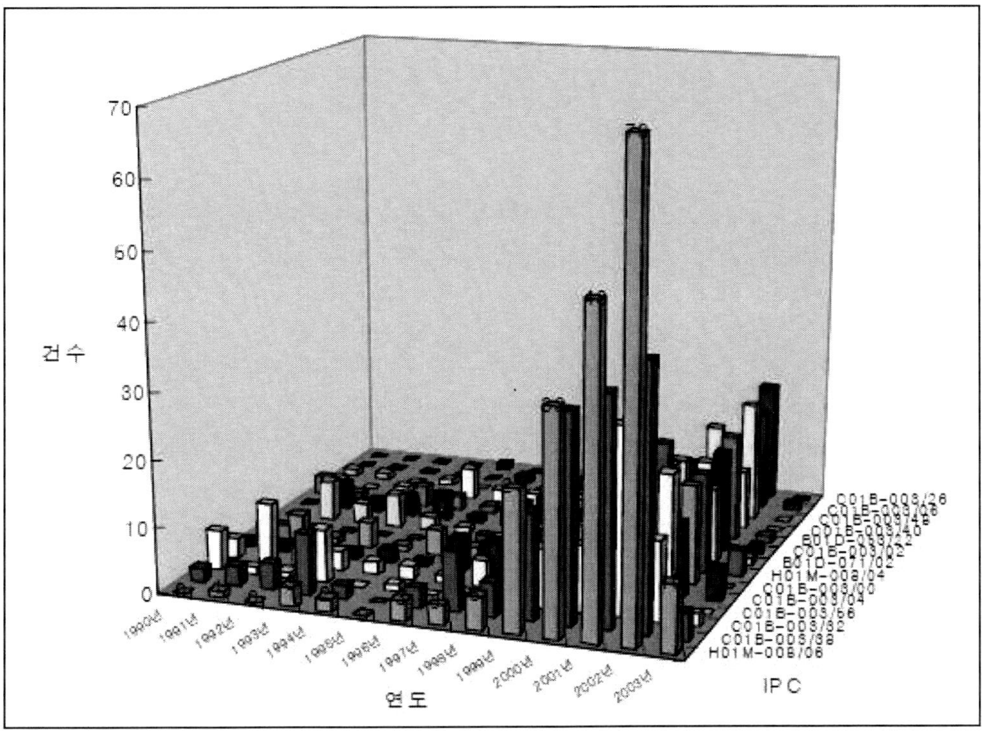

그림 20 수소제조 JEPA IPC subgroup 기술별, 연도별 건수

2. 국내 동향

1) 기술 동향

□ 국내 현황

대한민국 정부는 수소경제를 미래 신산업으로 육성하기 위해 일찍부터 정책적 지원과 R&D 투자를 확대했다. 2019년 1월 세계 최초로 「수소경제 활성화 로드맵」을 발표하여, 2040년까지 수소차 620만 대 생산, 수소충전소 1,200개 구축, 연간 수소공급 526만 톤 달성 등의 구체적 목표를 설정하였다. 이어 2020년에는 「수소경제 육성 및 수소 안전관리법」(약칭: 수소경제법)을 제정하여 수소경제 이행을 위한 법·제도적 틀을 마련했다. 동 법은 수소전문기업 육성, 수소 특화단지 지정, 안전관리 기준 등을 포함하고 있다. 또한 2021년에는 정부 차원의 「탄소중립 추진전략」에서 수소를 2050년 전원믹스의 13~21%를 공급하는 중추 에너지원으로 명시하였다. 이처럼 정책적 의지에 힘입어 최근 몇 년간 국내에서도 수소 생산 기술개발과 인프라 조성에 큰 진전이 있었다.

□ 수소 생산 인프라 현황

국내 수소 공급은 현재까지는 주로 부생수소와 화석연료 개질 수소에 의존하고 있었다. 2023년 기준 국내 수소 생산량은 약 3만 톤/년 수준으로 추산되었는데, 석유화학 공정에서 나오는 부생수소와 LPG 개질 등이 주된 원천이었다. 전국에 걸쳐 18곳의 수소생산기지 구축이 진행되어, 정유공장 인근 등에서 나오는 부생가스를 정제하거나 천연가스를 개질하여 인근 수소충전소에 공급하고 있었다. 예컨대 울산, 여수 등 석유화학단지에서는 나프타분해공정(NCC)의 부생수소가 수거·정제되어 연료전지 발전 및 차량용으로 활용되고 있고, 충청권 등에는 소규모 천연가스 개질 장치로 수소를 생산하는 거점이 운영되었다. 다만 이러한 회색수소 위주의 공급은 탄소중립 흐름에 부합하지 않으므로, 정부는 청정수소로 전환을 정책 목표로 삼았다. 이를 위해 2022년 청정수소발전의무화제도(CHPS) 설계를 시작하여, 발전용 수소에도 청정도 기준을 도입하는 방안을 마련했다. 또한 청정수소 인증제를 2023년 시범 도입하여, 저탄소 수소에 인센티브를 부여하고자 하였다.

□ 국내 수소 생산 및 수요 현황

현재 국내에서는 에너지원보다는 화학제품의 원료 및 화학공장의 공정가스로 이용하는 것이 대부분이다. 주생산원인 울산, 대산 및 나주의 석유화학공정에서는 주로 Naphtha Cracking 방식을 사용하여 수소를 생산하며, 수소시장의 대부분을 석유화학공정 및 제철소의 부생가스로부터 정제 및 생산을 하며, 석유화학공정용 또는 화학공업의 원료로

석유화학회사의 자가소비가 대부분을 차지한다.

국내의 수소시장 규모는 연간 약 4백억 원이며, 유통업체로는 (주)덕양에너젠, SPG산업(주), (주)비오씨 가스코리아, 그리고 다수의 충전업체 등이 있다. 공급방식으로는 파이프라인을 사용하여 공급하는 것이 56%로 가장 크며, 그 외에 카트리지(튜브트레일러)에 의한 수송과 일부 실린더에 의한 공급도 있다. 석유산업에서 수소의 용도와 수요도 크게 증가할 전망이다. 연료의 품질 규제를 강화하는 방향으로 나아가고 있다. 휘발유 및 경유에서 황의 함량을 크게 낮추는 방향으로 나가며, 방향족 함량 및 황의 함량을 감소하기 위해 수소를 첨가하여 황을 제거하는 공정을 채택함으로써 연료 중에 수소의 함유량이 증가 추세에 있다. 고 유황의 등유 및 경유 유분을 고정상 촉매 하에서 수소첨가 반응시켜 황 화합물을 H2S 형태로 제거하여 저유황의 등유 및 경유로 전환하며, 대표적인 반응 기구는 SH + H2 --〉 +H2S이다. 경질유 수요 증가와 중질유 수요 감소에 따른 Cracker 설비 증가로 수소 소모량이 증가 하고 있다.

탈황목적 외에도 수소화 분해 및 이성화 반응 등을 위해서 수소의 소비가 증가한다. 수소화 분해의 목적은 감압가스유를 고정상촉매하에서 수소첨가 반응하여 탈황반응 및 분해반응이 병행하여 이루어짐으로써 저유황의 제품을 생산하기 위함이다. 또한 이성화반응을 시킴으로써 n-paraffin(왁스성분)을 고 정상 촉매 하에서 수소 첨가반응으로 이성화하여 저온유동성이 우수한 Iso-paraffin 형태로 전환하여 기유를 생산하기 위함이다. 대표적인 반응기구는 n-paraffin(Wax) + H2 --〉 Iso pafaffin이다.

단위공정의 수소 소모량은 〈그림 21〉과 같다. 국내 정유공장에서 연간 수소 소모량은 전체 소비량의 84%로 연간 174천 톤이며, 세부 사용처는 중질유분해에 30%, 석유화학에 16%, 경질유 탈황을 위해 12% 그리고 중질유 탈황을 목적으로 42%를 소비한다.

	Nm^3/hr	천 톤/년
중질유 분해	91,100	63.2
중질유 탈황	123,400	86.3
경질유 탈황	35,300	24.5
Cyclohexane	21,000	14.6
p-Xylene	7,800	5.4
Totoray	9,400	6.5
Reformate upgrading	10,000	6.9
합계	299,000	207.3

그림 21 공정별 수소 사용량

국내에서는 울산공단지역에서 수소 생산을 가장 많이 하고 있다. 울산공단지역의 H2 생산업체 및 생산량을 〈표 3-3〉에 나타냈다.

업체명	생산량 (톤/년)
삼성 BP	19,100
삼성절밀	700
태광산업	8,300
효성	4,900
SK	201,200
합계	234,100

표 5 울산 H2 생산업체 및 생산량

국내에서는 1989년 정부의 특정 연구과제로 수소 제조연구를 위한 1단계의 연구지원이 있었으며, 그 이후 정부의 대체에너지기술 개발사업으로 연구지원이 계승되어 1992년부터 1999년까지 14개의 수소 관련 연구과제에 약 20억 원의 연구비가 지원되었다. 그러나 이 기간에도 수소에너지연구는 부진한 실정을 면치 못하였다. 수소에너지 개발은 기술투자비가 크고 기술개발 기간도 길기 때문에 민간산업 부분에서 기수투자를 꺼려하기 때문이었다. 다행히도 현재 정부에서는 수소에너지기술 개발프로그램을 정부가 주도해야 한다고 인지하고 기술개발 노력을 지원하고 있다. 수소 제조기술 개발을 중심으로 한 종합적이고 장기적인 프로그램을 도출하기 위해서 과학기술부는 국내의 전문가의견을 수집하고 결집하는 형태로 2000년 3월~6월까지 4개월간 기획연구를 수행하였다. 동년 10월 과학기술부의 주도로 수소제조사업단이 발족하였고, 다시 수소연구를 지원하게 되었다.

생물학적 수소 제조, 열화학 사이클에 의한 수소 제조, 광촉매이용 수소 제조 분야에서 3개 과제를 선정하여 1단계 연구기간이 3년, 2단계 연구기간은 2년으로 총 연구기간 5년인 기술개발계획으로 연구를 추진하고 있다. 이외에 원천기술 확보를 위해서 수소 제조 분야에서 일부 연구가 이루어지고 있다. 〈그림 22〉에 중요한 수소에너지 제조기술 분야를 나타냈으며, 그 동안 국내에서 수행한 수소 관련 연구를 다음에 설명하였다.

기술 개발 분야		연구 내용
자연 에너지 이용 물분해 수소 제조 기술	광촉매활용수소 제조	· 금속산화물/황화물 광촉매 가시 광 감응 수소 제조 · 가시 광 광촉매개발 · 광전기화학 셀형 수소 제조 · 광전자촉매시스템 수소 제조
	열화학적 수소 제조	· 금속산화물 이용 열화학적 수소 제조기술 · 신기술을 도입한 고온열 이용 열화학 공정 · 시스템 운용기술 및 고효율화 방안 도출 · 스케일 업(PDU급) 설계 데이터 구축
	생물학적 기술에 의한 수소 생산	· 광합성 수소 생산 관련 미생물 관련 기술 · 균체고정화/고농도 배양/혐기 배양/광합성 배양/연속 배양 등 배양 기술 · 광합성 배양 시설설계 및 최적화/ 통합화/시설대형화 연구 · 유전자, 광 기구개량에 의한 수소생성율 증진연구 · 관련 폐기물 발생 및 성상연구
화석 연료 이용 수소 제조 기술	화석연료 이용 수소 제조기술	· 고성능 CO_2흡착제 개발 · 흡착반응공정 실험 · 촉매 개발 · PDU 실험/공정 최적화/스케일 업 설계기술

그림 22 수소 제조기술 분야

□ 생물학적 수소 제조기술

생물학적 기술에 의한 수소 생산에 관한 연구는 국가기술정책사업으로 5년간 수소 생산 원천기술 개발로 채택되어 2000년부터 연구를 지원하고 있다. 물로부터 태양광을 이용하여 수소를 생산하는 원천 수소 생산기술로서 생물학적 기술에 의한 수소 생산연구는 광촉매 이용 수소 제조 및 열화학적 수소 제조기술 함께 국가기술정책사업으로 연구지원을 받고 있으며 추진 중이다.

국내 생물학적 수소 생산연구는 국외와 비교하여 관심도 낮았으며, 정부 차원의 연구지원은 1993년까지 없었다. 그러나 근년에 와서는 환경문제와 수소에너지의 필요성이 요구되는 현실에서 정부와 기업체에서 연구개발 지원을 적극적으로 지원하는 추세에 있다.

국내에서 산업자원부는 바이오매스로부터 생물학적 수소 생산기술 연구를 위해 1997년

부터 2000년까지 4년간 한국에너지기술연구원에 지원하였으며, 현재는 2단계 연구로 삼성엔지니어링, 한국에너지기술연구원, 한국화학연구원 및 부산대학교 등이 참여하여 연구를 진행하고 있다. 또한 과학기술부에서는 국가기술정책사업으로 5년간 수소 생산 원천기술개발을 위해 2000년부터 지원하기 시작하였다. 〈그림 23〉에 국내 생물학적 수소 생산연구 현황을 요약하여 나타냈다.

연구기관	내용	연구기간	지원기관
한국에너지기술연구원, 한국과학기술연구원, 서울대학교, 서강대학교	태양광 이용 생물학적 물 분해 수소 생산기술	2000-2005	과학기술부 (국책연구개발 사업)
한국에너지기술연구소, Hawaii Natural Energy Inst.	바이오매스로부터 생물학적 및 초임계수 가스화기술에 의한 수소 생산	1997-2000	산업자원부 (대체에너지개발 사업)
이화여자대학교	생물학적 수소 생산 기초기술	1993-1995	산업자원부 (대체에너지개발 사업)
한국에너지기술연구소	기초연구	1987-1988	자체 개발
한국과학기술연구원	기초연구	1988	자체 개발
연세대학교	기초연구	1987	자체 개발

그림 23 국내 생물학적 수소 생산연구 현황

□ 광촉매활용 수소 제조기술

광촉매활용 수소 제조를 위하여 1990년대부터 대학 및 연구소를 중심으로 광촉매 기초연구가 수행되었으며, 수소 제조 기초연구는 에너지기술연구원, 화학연구원과 포항공대 등에서 수행하였다. 최근에 고효율수소사업(한국에너지기술연구원 주관)이 수행되고 있는데, 광촉매의 경우 소규모의 기초연구 수준이었다. 포항공대 연구진에 의해 광 효율이 높은 신규 Perovskite계 물질을 개발하였지만, 이 촉매들의 대부분은 자외선 영역의 광원에서만 반응을 일으키는 한계를 지니고 있다. 한국에너지기술연구원과 한국화학연구원에서도 지난 수년간이 분야 연구를 수행하였으며, 산화물계, CdS, ZnS 등 가시광선계 광촉매기술에 관한 국제특허도 수 건 획득하였다.

□ 열화학적 수소 제조기술

열화학적 수소 제조기술에 관한 연구는 한국에너지기술연구원에서 1980년대 후반 기초연구를 수행한 바 있으며, 한국원자력연구소에서도 1980년대 후반에 원자력을 이용한 수소 제조기술연구를 일부 수행한 바 있다. 과학기술부의 국책과제인 수소제조기술개발사업의 일환으로 연구소 및 대학에서 공동으로 금속산화물을 이용한 수소 제조기술개발을 2000년 10월부터 수행하고 있으며, 1단계 3년 및 2단계 2년으로 총 연구기간 5년간으로 진행하고 있다.

국내에서 대부분의 대용량 수소 생산은 나프타를 열분해하여 제조하는 실정으로 정유 및 석유화학공장에서 이루어지고 있는데, 3,000Nm3/h~100,000 Nm3/h의 수소를 생산하는 개질기 수십기가 외국에서 수입되어 가동되고 있으며, 유리공장, 전자, 소규모 화학공장에서도 1,000Nm3/h 이하의 수소를 생산하는 개질기가 상당수 수입되어 가동되고 있는 실정이다. LNG나 메탄올을 원료로 사용하는 소형 개질기 (저압, 소용량 수소 생산 100Nm3/h 이하)가 국내에서 개발되어 연료전지 실험 및 소규모 용도로 수 기 상업화되었다.

□ 천연가스 이용 제조기술

수소제조용 개질기연구는 산업현장에서 필요한 수소 발생장치를 위한 것 외에 최근 들어 연료전지와 연계된 소형 수소 생산장치로서 kW급 이상의 정치형의 연료전지시스템이나 자동차용 연료전지를 위한 수소공급장치로 개발이 진행되고 있다. 한국에너지기술연구원에서는 "주택용 5kW급 고분자 연료전지를 위한 천연가스 개질기 시스템 개발" 연구를 1999년에 수행한 바 있다.

SK 주식회사에서는 자동차용 연료전지 개질기로서 "연료전지하이브리드 자동차용 25kW급 메탄올 개질기연구"와 "메탄올개질기를 이용한 고순도 수소 제조공정연구"를 2000년부터 2002년까지 수행하였다.

경북대학교 화학공학연구실에서는 "수소제조용 메탄 및 메탄올 수증기 개질기 개발"을 위해 연구를 수행하였으며, 2000년대 이후 이러한 개질기 시스템연구는 생산된 수소를 공급하는 연료전지시스템의 조건 및 출력, 개질 대상 연료 종류, 연료전지의 부하변동 특성에 적합하도록 개발하고 있다.

개질기 관련 촉매 개발을 위해서 한국에너지기술연구원에서는 천연가스 개질용 촉매 개발연구를 수행하고 있으며, 한국화학 연구원에서도 저온 개질기용 촉매 개발을 위해 연구하고 있다. 한국과학기술연구원(KIST)에서는 자동차용 연료전지 개질기 촉매 개발연구

를 수행하고 있다. 그 밖에 경북대학교, 충남대학교 등 다수의 대학에서 개질기용 촉매를 개발하고 있다.

□ 수소의 공급유통체계

국내 수소의 유통은 덕양에너젠(주), 비오씨 가스코리아(주), SPG산업(주) 등이 있다. 이 중에서 국내에 수소공급을 하는 대표적인 회사인 덕양에너젠은 울산에 본사를 두고 있으며, 국내 수소시장의 큰 부분을 공급하고 있다. 석유화학공단의 잉여 수소가스를 수급, 정제하여 100km 파이프라인 망과 카트리지를 통해 석유화학, 반도체, 전자, 전력, 유지, 금속가공분야 등 여러 산업체에 공급하고 있다. 이 회사는 울산공장외에 서산공장에 정제설비를 갖추고 파이프라인과 튜브트레일러로 수소를 공급하고 있다. 또한 여수공장 여천석유화학공단에 최신 자동화 정제시설을 갖추고 YNCC와 HCC OA 공장으로부터 원료를 확보하여 시간당 6,000Nm3의 고순도 수소를 공급할 수 있다.

석유화학공단 업체에서는 일반적으로 나프타 분해(naphtha cracking) 공정에서 발생되는 저순도의 수소가스 일부는 자체 연료용으로 사용하고, 남는 잉여가스는 대기로 방출한다. 덕양에너젠은 이 공정에서 나오는 잉여가스를 수급하여 정제한 후 수소가 필요한 공정에 공급하며, 잉여가스를 고순도로 정제하여 전자사업, 열처리 분야 등 정밀기술공정에 공급하기도 한다. 본사가 소재한 울산 석유화학공단에 파이프라인 망으로 연결된 수소공장이 있으며, 울산 제2공장(달천)에 첨단설비의 수소 및 헬륨 튜브트레일러 용기 검사장을 가동하고 있다. 또한 덕양에너젠 충남 서산공장은 게터 타입의 최신 정제설비를 갖추고 파이프라인과 튜브트레일러로 수소를 공급하고 있으며, 전남 여수공장 여천석유화학공단에 자동화 정제시설을 갖추고 있다.

덕양에너젠 본사는 2004년 5월 말 현재 100여 km에 달하는 배관망을 구성하고 있으며, 태광산업(주), 삼성정밀화학, 삼성 bp화학, SK(주) 등으로부터 원료가스를 받아 KP 케미칼 울산 공장, 코리아PTG 등 12개 공장에 평균 시간당 1만m3의 수소를 파이프라인을 통해 공급하고 있다. 본사의 파이프라인 공급 능력은 하루 33만 6,000m3이다. 압축, 저장 능력은 시간당 400m3 압축기 7기로 하루 6만 7,200m3(시간당 2,800m3)를 압축 처리할 수 있는 시설을 갖추고 있다.

서산공장은 삼성종합화학과 현대석유화학으로부터 2km 파이프라인을 통해 원료가스를 받아 일부는 파이프라인으로, 나머지는 압축 저장하여 카트리지로 업체들에 공급하고 있다. 서산공장은 시간당 9,600m3 압축기 7기로 하루 7만6,800m3를 압축 처리할 수 있는 시설을 갖추고 저장탱크와 카트리지 실린더 충전기(20병 들이, 10병 들이 등)를 다량 보유, 사용자 편의에 따라 공급하고 있다.

여수공장은 환화석유화학으로부터 파이프라인을 통해 원료가스를 공급받아 시간당 2,000m3 수소를 정제하는 시설을 갖추고 있으며, 인근 석유화학공장에 파이프라인과 카트리지 충전을 통해 수소를 공급하고 있다.

수소가스 운반용 튜브트레일러는 총 288대가 운용되고 있는 것으로 집계되었다. 덕양에너젠과 SPG산업 등 수소 제조 메이커들의 보유분을 제외한 순수 산업용 가스 충전소들의 보유량은 소수에 불과하다. 국내의 수소용 튜브트레일러 288대중 덕양에너젠이 위치한 울산에 200대, SPG산업이 위치한 인천지역에 86대로 전체 수량의 99%가 두 지역에 집중되어 있으며, 부산과 광주에는 각각 2대만 운용 중이다. 특히 2003년말 현재 울산의 200대는 전량 덕양에너젠의 소유이며, 인천지역의 86대 중 83대가 SPG 산업의 소유로 되어 있다.

2) 수소 제조 관련 특허

국내에서의 수소 관련 특허 출원은 2000년대 이후 지속적으로 증가세를 보여왔다. 특히 2018년 수소경제로드맵 발표 전후로 수소 기술 특허출원이 폭발적 증가를 보이고 있다. 특허청 자료에 따르면 수소 제조기술 관련 국내 특허출원은 2003년 51건에서 2014년 211건으로 10년 새 4배 이상 늘었고, 이후 2020년경에는 연간 수백 건 수준으로 급증하였다. 이는 정부의 수소경제 육성 정책과 민간 R&D 투자 확대로 인한 결과로 해석된다.

수소 제조기술 국내특허 동향을 살펴보기 위하여 사용한 DB는 한국과학기술정보원(KISTI)의 한글DB KUPA이다. 이 한국특허 검색을 하기 위해서 사용한 검색식은 다음과 같다.

- #1 s 수소 and (제조 or 생산 or 추출)
- #2 s #1/ti and (199001 - 200410/ad)
- #3 s #2 and ((C01B-003?) or (C25B-001?) or (B01J-023?) or (B01J-027?) or (C25B-009?) or (C10J-003?) or (C12P-001?))
-

특허분석을 위해서는 한국특허청 특허분석프로그램 PIAS(Patent Information Analysis System)를 사용하였으며, 검색된 특허 수는 63개였다. 이들 특허의 내용을 조사한 결과 12건은 본 기술과 연관이 없어 51건에 대하여 특허기술 동향을 조사하였다. 검색된 51개의 특허들을 국제특허분류 IPC main-group 별 또는 Subgroup 별로 분류하여 상위 기술들을 추출하여 보았다. IPC 국제특허분류코드는 앞에서 이미 설명하였다.

최종적으로 검색된 한국특허의 수는 1990년 이후 51건이었으며, 〈그림 24〉에서 보는

바와 같이 1990년 이후 매년 특허수가 적을 때는 1~2건, 많을 때는 1995년과 2002년의 경우 각각 모두 8건이었다.

검색한 수소 제조에 관련된 한국특허를 IPC main-group 기술별, 연도별 건수로 〈그림 25〉에 나타냈다. IPC code C01B-003이 전체적으로는 27건으로 가장 많으며, 다음으로 C25B-001이 9건, B01J-027이 9건, 그리고 B01J-023과 C12P-001이 각각 5건과 2건이었다. 한국특허에서 우선권국가별 특허건수를 조사한 결과 미국과 일본이 각각 11건이며, 다음으로 유럽연합(EP)이 4건, 프랑스가 3건이었다. 그 외에는 대한민국을 비롯하여 영국, 덴마크, 캐나다, 호주가 모두 1건이었으며, 우선권국가가 파악되지 않은 특허는 26건이었다. 우선권국가별 특허건수가 모두 합치면 60건이 되는 것은 특허에 따라서는 우선권국가가 복수로 되어 있기 때문이다.

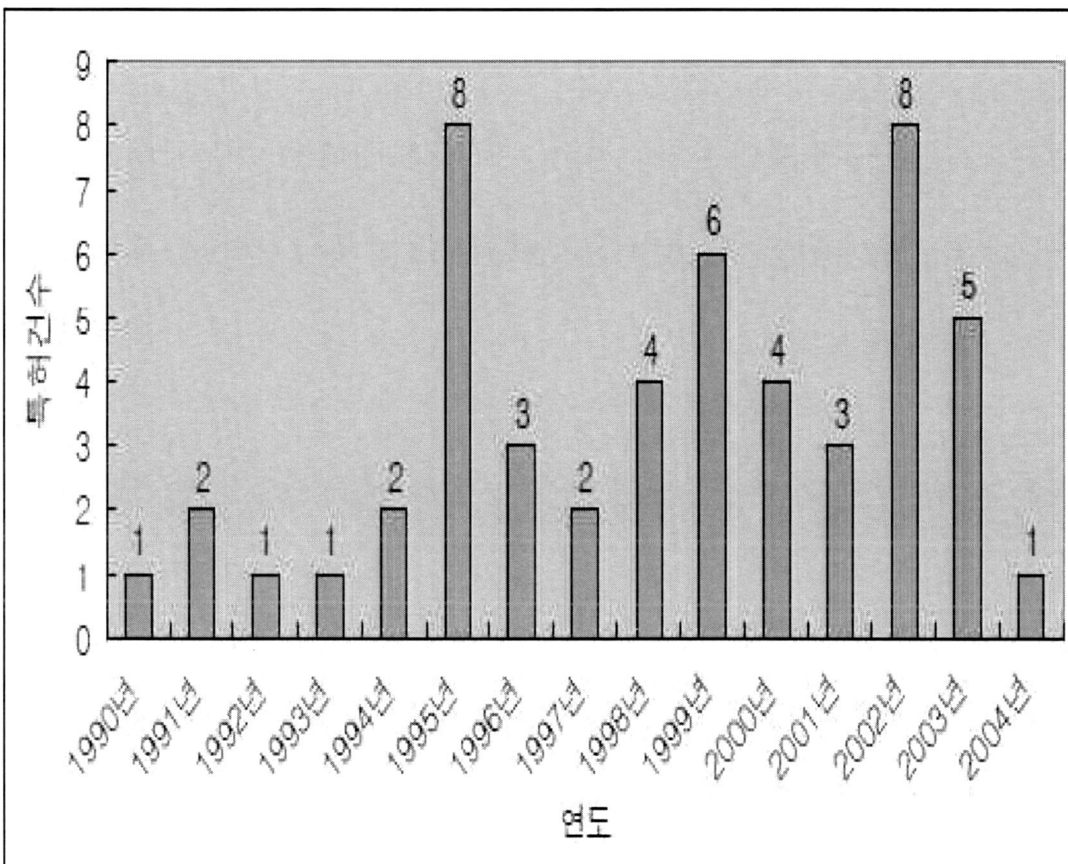

그림 24 수소 제조 연도별 한국특허 건수

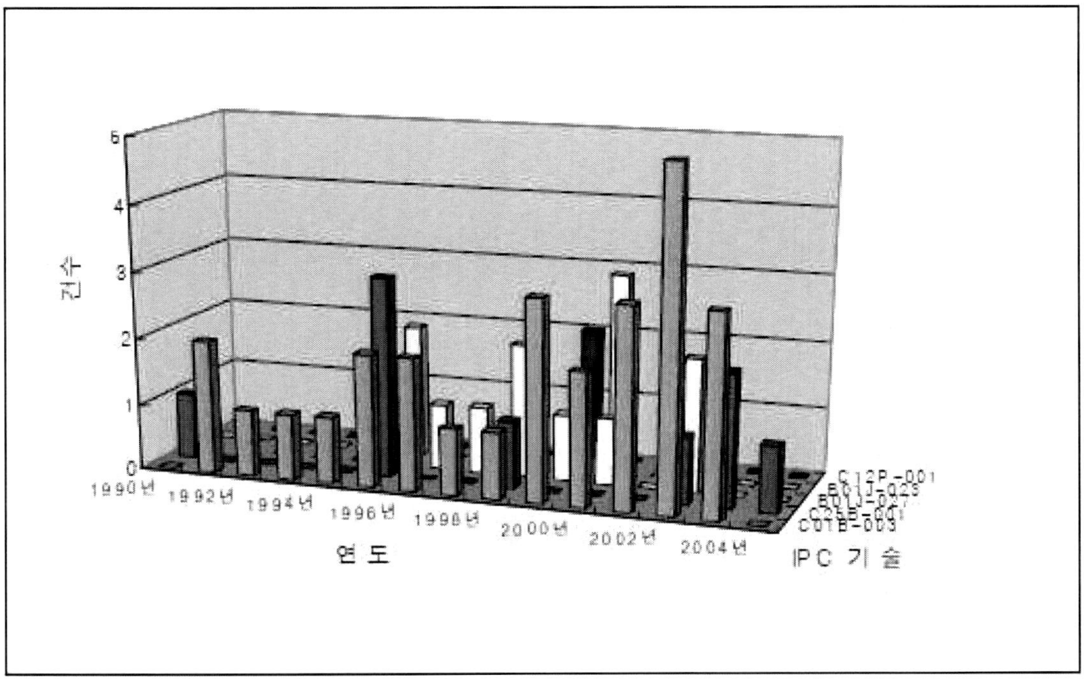

그림 25 수소 제조 KUPA IPC main-group 기술별, 연도별 건수

□ 세부 기술별 동향

국내 출원의 다수를 차지하는 분야는 수소 저장/활용 관련이지만, 수소 생산 기술 부문도 상당한 비중을 차지했다. 특히 수전해 기술에 관한 특허가 두드러지는데, 막전해질 소재, 전극 촉매 코팅, 스택 구조 등에 대한 국내 출원이 활발했다. 대학과 출연연, 대기업이 공동 발명자로 참여한 사례도 많아, 산학연 협력 연구 성과가 지식재산으로 확보되고 있음을 보여준다. 예를 들어 한국에너지기술연구원은 알칼라인 수전해 전극 구조 개선에 관한 국내 특허를 다수 보유하고 있고, SK케미칼은 AEM 전해질막 조성에 관한 특허를 출원하기도 했다. 개질 및 개조(CCS 포함) 분야 특허도 꾸준히 나오고 있는데, GS칼텍스 등 정유사는 효율 향상형 수소 추출공정 관련 특허를, 포스코 등은 부생가스 개질 및 탄소포집 기술 특허를 출원하였다. 최근에는 메탄 열분해 반응로 설계나 이산화탄소 광화학적 활용 등 새로운 컨셉의 아이디어도 특허로 제출되는 추세다.

□ 출원 주체

국내 수소 생산 특허의 주요 출원인은 대기업 연구소, 대학, 공공연구기관, 중소기업 등 다양했다. 대기업 중에서는 현대자동차, SK이노베이션, 삼성엔지니어링, 효성 등이 수소 생산 관련 특허를 다수 보유한 것으로 파악된다. 현대차는 연료전지 차량 기술 확보 과정에서 수소생산 및 정제 분야 특허(예: 센서, 제어)를 출원했고, 효성은 자회사인 효성

중공업을 통해 수소압축 및 개질 시스템 특허를 냈다. 공기업인 가스공사도 수소제조 플랜트 설계 관련 특허 활동을 시작했다. 공공연구기관으로 KIER, KIST, KAERI 등이 앞서 언급한 분야에서 핵심특허를 확보하였으며, 대학 중에는 연세대, 한양대, 울산과기원 등에서 촉매 합성, 광촉매 등의 발명이 출원되었다. 중소·벤처 기업들도 자신의 기술 아이디어를 보호받기 위해 특허를 적극 활용하는데, 예컨대 수전해 시스템 스타트업이나 바이오가스 정제업체 등이 관련 특허를 다수 보유하고 있다.

□ 해외 진출

국내 출원에 더해, 국제 특허 출원(PCT)을 통해 해외 시장을 겨냥하는 움직임도 늘었다. 수소 기술 경쟁이 글로벌하게 전개되면서 우리 기업/기관들도 유망 기술은 초기에 국제 특허를 확보하여 후발 국가들과 분쟁을 예방하려는 전략을 취하고 있다. 2020년대 초 국내 모 연구소가 개발한 수소분해 촉매 기술이 미국 기업에 이전되면서 관련 해외특허를 함께 양도한 사례 등, 특허가 기술사업화의 자산으로 활용되는 경우도 나타났다.

□ 향후 전망

국내 수소 생산 분야 특허는 앞으로도 증가세가 이어질 가능성이 높다. 정부의 수소경제 정책과 연계한 R&D 프로젝트들이 본격화되면서, 이에 따른 발명 창출이 활발할 것이기 때문이다. 또한 2024년 예정된 한국형 수소 기술특허 지도 작성 등 정책 지원도 특허 전략 수립에 기여할 것이다. 다만 특허의 양적 증가뿐 아니라 질적 수준 향상도 중요하므로, 단순한 아이디어 나열식 출원이 아닌 핵심원천기술에 집중된 특허 확보가 요구되고 있다. 연구자들과 기업들은 국제 동향을 면밀히 모니터링하며, 우리 고유의 강점을 살릴 수 있는 분야(예: 신촉매 소재, ICT 융합 제어 등)에 전략적으로 집중할 필요가 있다. 이를 통해 향후 국내 수소 기술이 글로벌 시장에서 경쟁력을 갖추고, 특허를 수단으로 기술 표준화를 주도할 수 있을 것으로 기대된다.

Ⅲ. 부　　록

연료전지의 개념 및 구성

연료전지는 산소와 수소의 전기화학적 반응을 통하여 화학에너지를 전기 에너지로 직접 변환시켜주는 장치이다.

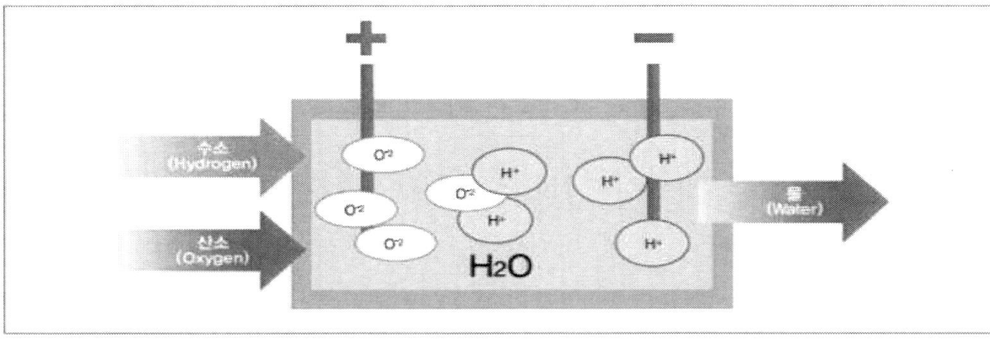

그림 26 연료전지의 원리

연료전지 발전시스템은 개질기와 셀, 스택, 전력변환기 및 발전 등으로 구성되어 있다. 개질기는 석탄, 석유, 메탄올, 천연가스 등의 화석연료를 수소연료로 변환하는 장치이다. 셀은 전해질이 함유된 전해질 판과 공기극, 연료극을 분리하기 위한 분리판 등으로 구성되어 있다. 스택은 셀을 수십, 수백 장 쌓아 올린 본체로 원하는 전기출력을 얻기 위해 사용된다. 전력변환기는 연료전지에서 나오는 직류전기를 교류로 전환시키는 장치이다.

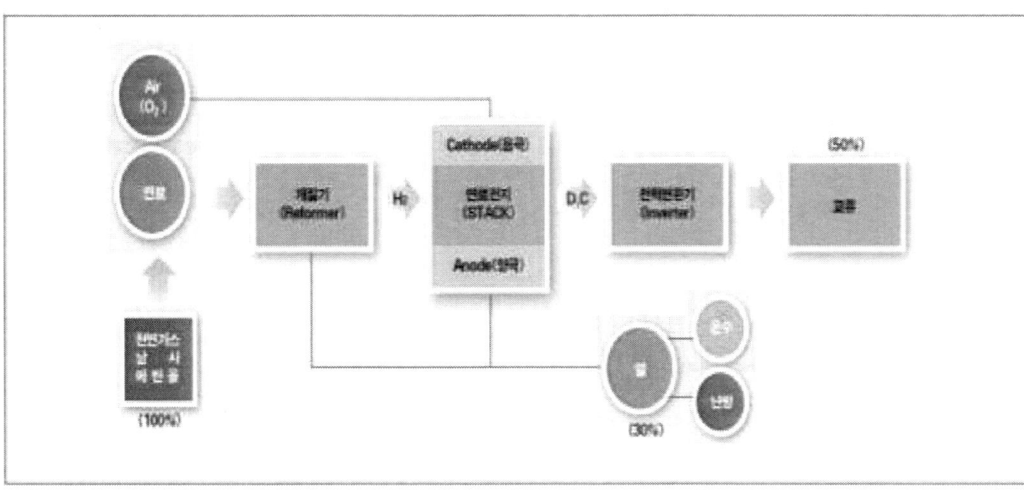

그림 27 연료전지 발전시스템 구성도

자료 : 한국에너지공단 신·재생에너지센터

연료전지의 역할 및 활용 분야

연료전지를 실질적으로 응용되는 산업분야에 따라 구분하면 크게 발전용, 가정용, 수송용, 휴대용 4가지로 구분한다. 우리나라의 경우 현재 상용화 되어있는 연료전지는 발전용이 높은 비율을 차지하고 있으며, 발전용의 경우 가정용 열병합발전과 상업용 목적으로 다양한 연료전지가 개발되고 있다. 특히, 중대형 발전의 경우 다양한 연료의 사용 가능성과 타 발전원과의 연계를 통해 전력변환 효율을 향상시킬 수 있기 때문에 고온 연료전지가 저온 연료전지에 비하여 적용하기가 수월할 수 있다.(한국과학기술연구원, 2006)

종류/특징	효율	주용도
고온형 연료전지	용융탄산염연료전지(MCFC) * Molten Carbonate Fuel Cell	대규모발전, 중소사업소설비
	고체산화물연료전지(SOFC) * Solid Oxide Fuel Cell	대규모발전, 중소사업소 설비, 이동체용전원
저온형 연료전지	인산염연료전지(PAFC) * Phosphoric Acid Fuel Cell	중소사업소설비, biogas plant
	알칼리연료전지(AFC) * Alkaline Fuel Cell	우주발사체 전원
	고분자전해질막연료전지(PEMFC) * Proton Exchange Membrane Fuel Cell	수송용 전원, 가정용 전원, 휴대용 전원
	직접메탄올연료전지(DMFC) * Direct Methanol Fuel Cell	휴대용 전원

그림 28 연료전지별 종류별 특징
자료 : 한국에너지공단 신·재생에너지센터

제품종류		용량	연료전지				
			PAFC	MCFC	SOFC	PEMFC	DMFC
발전	분산발전	수십kW-수십MW	●	●	●	○	○
	건물용	수kW-수십kW	○	○	●	●	○
수송용	차량용	수kW-수백kW	○	▲	●	●	○
	선박용	수백kW-수십MW	○	●	●	○	○
휴대용		수백W-수kW	○	○	●	●	●
		수W-수백W	○	○	○	●	●

그림 29 연료전지 종류별 응용제품
자료 : 신·재생에너지백서

가정용의 경우 일반 가정 등에 필요한 전력 등 에너지를 공급하는 소규모 열병

합 발전과 관련되어 있다. 현재까지는 화석연료를 활용한 보일러시스템이 주류이나 연료전지 시스템이 전기와 열을 동시에 생성하는 열병합발전용으로서 실용화되고 안정화되면 활용도가 높아질 것으로 예상된다. 수송용의 대표적인 적용분야는 자동차이며 기존 내연기관을 대체하는 연료전지 자동차는 시동이 간편하고 성능이 높은 고분자전해질막연료전지(PEMFC)가 적합하다고 알려져 있다(한국과학기술연구원, 2006). 한편 최근 타 연료와의 하이브리드 형태의 고체산화물연료전지(SOFC) 활용의 가능성도 관심을 받고 있으며, 닛산(Nissan)은 최근(2016.6) “e-Bio Fuel Cell Electric Vehicle”을 발표했다. 이는 수송용 차량의 전기화 추세 속에서 충전인프라 부족 등의 극복을 위해 적정 주행거리를 확보하기 위한 연료전환의 다각화에 대한 시사점을 제공하는 것이다.

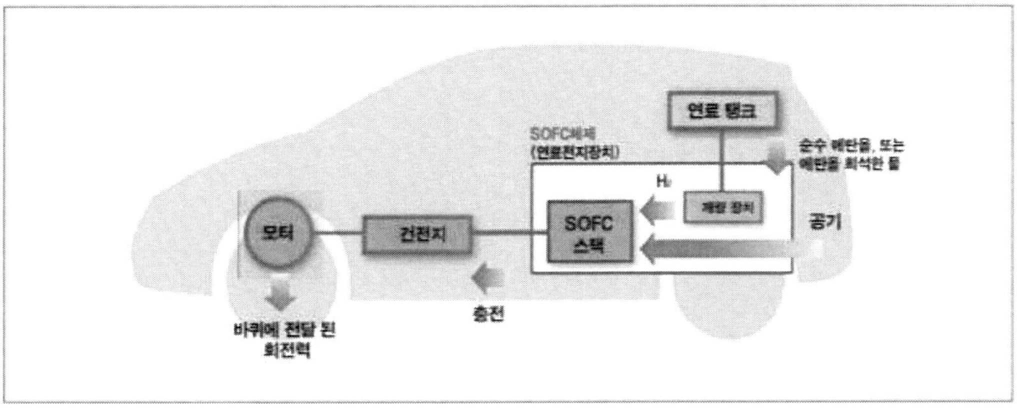

그림 30 Nissan의 e-bio 연료전지 시스템

휴대용의 경우 연료의 공급체계가 간단한 직접메탄올연료전지(DMFC)가 적합하며 최근 미세가공기술을 적용하여 부피 및 무게를 줄이는 연료전지 기술개발이 진행되고 있다. 휴대용 연료전지의 경우 정보통신 산업의 발전으로 인해 휴대폰 배터리 등에 활발하게 적용될 수 있다.

연료전지의 글로벌 시장 확대 및 국내 보급

글로벌 연료전지 시장은 연료전지의 가격하락과 국가 정책 지원 강화로 지속적인 성장세를 보인다. 2015년 기준 세계 연료전지 시장 규모는 약 36억 달러이며, 2024년에는 255억 달러 규모의 시장 확대가 예상된다(Global Market Insights, 2016). 2015년 전세계 연료전지 시스템 판매는 전년대비 약 12% 증가한 71,500기로 집계된다. 정치형(stationary) 연료전지 시스템은 판매량과 발전용량 모두 타 연료전지 시스템과 비교해 가장 큰 비중을 차지한다.

지역별로는 최근 아시아 연료전지 시장이 강한 성장세를 보이며 글로벌 연료시장을 선도하고 있는 것으로 나타난다. 2015년 연간 연료전지 시스템 판매 실적을 기준으로 아시아 지역은 전세계 연료전지 시장의 65%, 전용량을 기준으로는 전세계의 50%를 차지한다. 2015년까지의 연료전지의 판매량과 출하량의 증가 추세를 고려하였을 때 연료전지의 성장은 지속될 것이라고 전망되며, 수년 내로 기가와트의 생산용량에 도찰할 것으로 예상된다.

연료전지 판매량		연도					
		구분	2011	2012	2013	2014	2015
활동유형에 따른 판매량	유형 (1,000기)	휴대용	6.9	18.9	13.0	21.2	17.6
		고정형	16.1	24.1	51.8	39.5	49.0
		수송용	1.6	2.7	2.0	2.9	4.9
		합계	24.6	45.7	66.8	63.6	71.5
	Megawatts (MW)	휴대용	0.4	0.5	0.3	0.4	0.7
		고정형	81.4	124.9	186.9	147.8	203.2
		수송용	27.6	41.3	28.1	37.2	138.7
		합계	109.4	166.7	215.3	185.4	342.6
지역에 따른 판매량	지역별 (1,000기)	유럽	3.9	9.7	6.0	5.6	8.3
		북아메리카	3.3	6.8	8.7	16.9	15.7
		아시아	17.0	28.0	51.1	39.3	46.6
		그 외	0.4	1.2	1.0	1.8	0.9
		합계	24.6	45.7	66.8	63.6	71.5
	Megawatts (MW)	유럽	9.4	17.3	17.3	9.9	28.5
		북아메리카	59.6	61.5	74.7	69.8	139.7
		아시아	39.6	86.1	122.9	104.5	172.2
		그 외	0.8	1.8	0.4	1.2	2.2
		합계	109.4	166.7	215.3	185.4	342.6

그림 31 연료전지의 활용유형 및 지역에 따른 판매량

자료 : E4tech

국내 연료전지 보급량 및 발전량은 2008년 이후 급속도로 증가하는 추세를 보인다. 2008년 대비하여 2014년의 연료전지 누적보급용량은 약 20배, 발전량은

약 46배 증가하였다. 발전용 연료전지의 보급량이 전체 보급량의 약 98.7%를 차지한다.

국내 연료전지시장은 신재생에너지 공급의무화(RPS: Renewable Portfolio Standard) 제도 및 연료전지 발전소 설치 등의 효과로 시장의 확대가 기대된다.

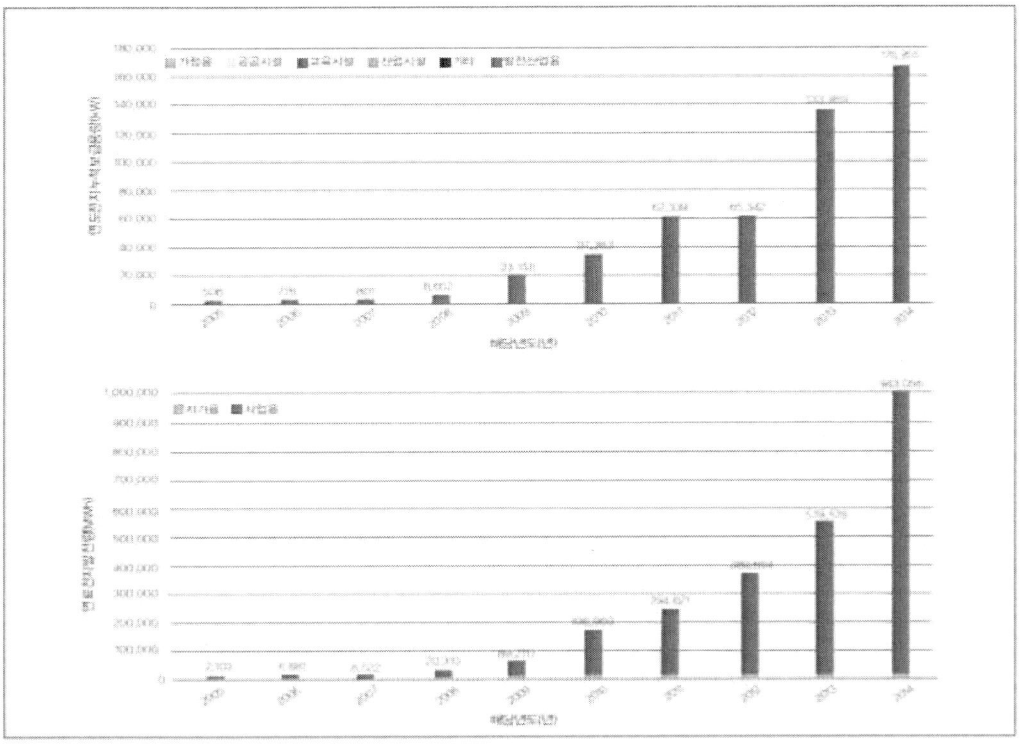

그림 32 2005-2014 국내 연료전지 누적보급용량 및 발전량
자료 : 국가통계포털

연료전지의 성장과 국가 온실가스 감축 기여

최근 정부는 국가 온실가스 감축을 위해 기후기술의 육성 계획을 발표하였으며, 연료전지를 탄소저감을 위한 기술로 분류하였다.(관계부처 합동, 2016) 따라서, 연료전지의 환경영향에 대한 면밀한 검토를 통한 지속가능한 기술개발 전략과 제반 정책을 강구하는 것이 중요하다.

참고문헌

- 관계부처 합동. (2016). 기후기술 확보·활용 촉진 로드맵(CTR) 수립 방안(안).
- 녹색기술센터. (2015). 녹색기술 정책·정보 지속가능 전략기획 연구 - LCA 기반 기후변화대응 기술의 지속가능 발전전략 도출.
- 제레미 리프킨. (2003). 수소혁명.
- 지식경제부. (2011). 그린에너지 전략로드맵.
- 한국과학기술연구원. (2006). 신재생에너지산업 Ⅲ - 연료전지산업(2).
- 한국에너지공단 신·재생에너지센터. (2014). 2014 신·재생에너지 백서.
- Curry-Nkansah, M., Driscoll, D., Farmer, R., Garland, R., Gruber, J., & Gupta, N. (2009). Hydrogen production roadmap, technology pathways to the future. Freedom CAR & fuel partnership hydrogen production technical team.
- Dunn, S., & Peterson, J. A. (2001). Hydrogen futures: Toward a sustainable energy system (Vol. 157). Washington, DC: Worldwatch Institute. E4tech. (2015). The Fuel cell Industry Review 2015.
- Mourad, M. (2014). A proposed fuel cell vehicle for reducing CO2 emissions and its contribution to reducing greenhouse gas emissions. International Journal of Engineering & Technology, 3(2), 252-261.
- Mudgal, S., Tinetti, B., Prado Trigo, A. D., Faninger, T., Schischke, K., Proske, M., ... & Teubler, J. (2013). Material-efficiency ecodesign report and module to the methodology for the ecodesign of energy -related products (MEErP): working document for stakeholder consultation; report to the European Commission.
- Ramsden, T., Ruth, M., Diakov, V., Laffen, M., & Timbario, T. A. (2013), "Hydrogen Pathways : Updated Cost, Well-to-Wheels Energy Use, and Emissions for the Current Technology Statusof Ten Hydrogen Production, Delivery, and Distribution Scenarios", National Renewable Energy Laboratory(NREL). SAE. (2003). "Development of Recycling Guidelines for PEM Fuel Cell Systems"
- 산업연구원, 「신에너지시대를 여는 수소산업의 성장가능성과 발전과제」, 2016.8
- 산업통상자원부, 「신·재생에너지 백서」, 2014.2
- 제5차 Nuclear Hydrogen Workshop), "수소연료전지자동차 개발, 보급현황 및 전망," 2016.5

- 포스코경영연구원, "2017년 국내외 에너지시장 전망," 2017.2
- 한경BUSINESS, "21세기 골드러시," 2015.8
- 한국석유관리원, "미래를 위한 지속가능에너지, 수소," 「K-Petro」 제116호, 2015.12
- 한국에너지공단, 「주간 에너지 이슈 브리핑」, 2016.3
- 한국자동차산업연구소,"수소에너지 인프라 관련 기술 혁신 방향," 2014.1
- 4th Energy Wave, Fuel Cells Annual Report 2015, 2016
- Frost&Sullivan, Strategic Analysis of the Fuel Cell Vehicles(FCV) Market in North
- America and Europe, 2014
- IEA, World Energy Outlook 2015, 2015.11.
- Navignat Resarch, Fuel Cells Annual Report 2014, 2015.1
- NEDO, 「NEDO水素エネルギー白書」, 2015.2
- 大和総研, "水素社会の兆し 第1~7回, "2014.
- 富士経済, 「2015年版 燃料電池関連技術·市場の将来展望」, 2015.7
- 経済産業省, 「水素·燃料電池戦略ロードマップ」, 2014

도 서 명: 수소에너지 제조기술개발 동향 보고서
저 자: 비피기술거래
초판발행: 2026년 01월 05일
발 행 처: 비피기술거래
발 행 인: 박기혁
등록번호: 제2016-000034호
주 소: 서울특별시 영등포구 버드나루로 130 1층 104호(당산동, 강변래미안)
Tel.(02) 535-4960 Fax.(02)3473-1469

Email. kyoceram@naver.com

001 유아용품 시장조사 보고서 (20161027 절판)

002 페라이트시트 관련 시장동향 보고서
저자 비피기술거래 / 120,000

003-2 [개정판] 페로브스카이트 태양전지 국내외 현황조사
저자 비피기술거래 / 120,000

004-1 [개정판] LED 산업 분석
저자 비피기술거래 / 120,000

005-1 [개정판] Silver Epoxy & Ink Cu ink&paste 시장보고서
저자 비피기술거래 / 120,000

006 확대되는 열가변저항기(Thermistor)의 기술, 시장 전망과 최근 개발 동향
저자 비피기술거래 / 120,000

007-1 [개정판] 자동차용 배기온도센서 관련 시장동향 보고서
저자 비피기술거래 / 120,000

008-1 [개정판] 골충전재 시장 조사 보고서
저자 비피기술거래 / 120,000

009-2 [개정판] 전고체전지 기술조사 보고서
저자 비피기술거래 / 120,000

010-1 [개정판] 티타늄 소재시장 가능성과 수요조사 보고서
저자 비피기술거래 / 120,000

011-1 [개정판] Etchant 기술동향 및 분석보고서
저자 비피기술거래 / 120,000

012-1 [개정판] 다공성세라믹 적용 산업 현황 보고서
저자 비피기술거래 / 90,000

013 [개정판] 열전발전소자 및 Hermetic sealing 관련 기술동향 및 분석 보고서 (20180214 절판)
저자 비피기술거래 / 120,000

014-1 [개정판] Fine Pitch 배선 형성용 구리에찬트 조사보고서
저자 비피기술거래 / 120,000

015-1 [개정판] 알루미늄 도금기술 접목한 섬유분야의 상용방안 및 시장성 보고서
저자 비피기술거래 / 120,000

016-1 [개정판] 쿼츠 Quartz 유리산업 분석을 통한 정밀광학기기 및 광학용부품 시장조사 보고서
저자 비피기술거래 / 120,000

017 고기능성 나노코팅 소재 보고서 (20170517 절판)

-1

018-1 [개정판] 외발자전거 시장 조사 보고서
저자 비피기술거래 / 120,000

019-1 [개정판] 자전거 스마트폰 거치대 시장 조사 보고서
저자 비피기술거래 / 120,000

020-2 [개정판] 전력절감 시스템 시장조사 보고서
저자 비피기술거래 / 120,000

021-1 [개정판] 시멘트 산업 시장동향 보고서
저자 비피기술거래 / 120,000

022-2 [개정판] 1인 가구 증가에 따른 산업동향 변화보고서
저자 비피기술거래 / 120,000

023 전통문화의 시장 및 기술동향 – 한옥과 친환경주택
저자 비피기술거래 / 120,000

024 브렉시트(Brexit) 본질읽기 유망산업 보고서
저자 비피기술거래 / 30,000

025 뉴로모픽기술과 시장보고서
저자 목하균 / 60,000

026-2 [개정판] 전기차 충전기 시장조사 보고서
저자 비피기술거래 / 120,000

027 신재생 에너지 기술 및 시장 분석
저자 김송호 / 60,000

028 테슬라의 한국 상륙–우리는 과거시대의 악몽을 반복할 것인가
저자 비피기술거래 / 60,000

029 김영란법 Q&A
저자 김상목 · 박기혁 / 60,000

030 회의를 디자인하라 (20180605 절판)
저자 김상목 / 30,000

031 도날드 트럼프 당선시의 한국경제, 기업에의 영향과 유망산업보고서
저자 비피기술거래 / 30,000

032 모바일 및 웨어러블 기기용 화학, 환경 센서 시장조사 보고서
저자 비피기술거래 / 120,000

033 전통문화의 시장 및 기술동향 – 전통식품
저자 비피기술거래 / 120,000

034 듀얼카메라 시장조사 보고서
저자 비피기술거래 / 120,000

035 기업들이 망하는 20가지 이유 – 신규 창업인이 회사를 망하게 하는 20가지 착각
저자 박기혁 / 30,000

036-2 [개정판] 모바일화에 따른 온라인 문화콘텐츠산업 동향
저자 비피기술거래 / 120,000

037-2 [개정판] 미세먼지에 관련된 국내시장분석 보고서
저자 비피기술거래 / 120,000

038-2 [개정판] 트렌드 변화에 따른 인테리어, 가구 시장 보고서
저자 비피기술거래 / 120,000

039 힐러리 클린턴의 집권이 우리나라에 미칠 영향
저자 비피기술거래 / 30,000

040-2 [개정판] MEMS 기술 산업 전략 보고서
저자 비피기술거래 / 60,000

041-2 [개정판] 반려동물 산업과 첨단 기술의 만남
저자 비피기술거래 / 60,000

042 할랄화장품
저자 비피기술거래 / 60,000

043 포켓몬go 성공요인과 파급 효과
저자 비피기술거래 / 30,000

044 융합은 즐거움이다 – 과학기술과 인문학의 collaboration
저자 비피기술거래 / 30,000

045 중국 의약품, 아동 의약품, 동물 의약품, 온라인 약국등의 시장과 제도 및 진출전략
저자 비피기술거래 / 60,000

046 조명시장과 OLED 시장보고서
저자 비피기술거래 / 60,000

047-1 [개정판] 고체산화물 연료전지(SOFC) 정책 및 시장과 개발 업체 동향, 기술현황과 사업아이템
저자 비피기술거래 / 120,000

048-1 [개정판] 방열소재시장과 기술동향
저자 비피기술거래 / 60,000

049 남성화장품 시장 조사 보고서
저자 비피기술거래 / 60,000

050 우리나라 지진역사와 주요국 대피시스템 비교 그리고 관련산업 동향
저자 목하균 / 60,000

BP Book List

051 집단 토론 면접 가이드 (20180605 절판)
저자 김상목 / 30,000

052 콘텐츠 큐레이션(Contents Curation)
저자 허두영 / 30,000

053 한국인이 두려워하는 대통령 트럼프가 제시한 5대중요정책(보호무역,한국협오등)과 그에 대한 대처법 보고서 저자 비피기술거래 / 30,000

054 기후 변화와 녹색 성장
저자 김송호 / 60,000

055 적외선센서 보고서
저자 비피기술거래 / 120,000

056 교수 및 고위 공무원이 해외연수 잘 다녀오는 방법
저자 비피기술거래 / 30,000

057 그린 비즈니스 – 스마트 그리드그린건물 · LED 조명
저자 김송호 / 30,000

~~058 (만화) 김영란법 Q&A~~
~~저자 김상목 / 30,000~~

059 동호인 테니스게임에서 이기는 절대적 방법 – 발리
저자 박기혁 / 30,000

060 도널드 트럼프 당선 – 세계는 어떻게 될까
저자 비피기술거래 / 30,000

061 시스템 반도체 산업동향보고서
저자 목하균 / 120,000

062 R&D지원사업 200% 활용하기 연구소기업과 기업 부설연구소의 설립
저자 비피기술거래 / 25,000

063 COFFEE, 한 잔의 커피는 한 번의 여행과 같다
저자 이강복 / 30,000

064 대한민국 정치인과 기업인 리더가 트럼프의 대선 승리에서 배워야 할 7가지 교훈
저자 비피기술거래 / 60,000

~~065 주식시장리포트 – 이 주식들이 곧 오를 수밖에 없는 다섯 가지 이유~~
~~저자 비피기술거래 / 50,000~~

066-1 [개정판] 미국인이 사랑하는 미셸 오바마
저자 비피기술거래 / 30,000

067 그린 비즈니스 – 전기차와 이차전지
저자 김송호 / 60,000

068-1 [개정판] 화합물 반도체산업 동향 보고서
저자 박진석 / 120,000

069 중국 가전제품 시장 보고서
저자 비피기술거래 / 120,000

~~070 학교에서 배우지 않는 것들 – 어른이 되기 위한 인생 필수 교과서~~
~~저자 김상목 · 김서현 / 120,000~~

071 B급 전략 평범한 회사나 개인도 절대로 망하지 않게 하는 특급전략
저자 박기혁 / 30,000

072-1 [개정판] 편의점 사업의 현재와 미래 편의점 사업 이대로 좋은가
저자 비피기술거래 / 120,000

073 뉴요커를 사로잡을 7가지 사업 아이템
저자 비피기술거래 / 60,000

074 유커 발길을 잡아라 – 유커 관광산업 보고서
저자 비피기술거래 / 60,000

075-1 [개정판] 생활화학제품 이대로 좋은가? – 화학제품 공포증의 올바른 이해
저자 비피기술거래 / 60,000

076-2 [개정판] 베지테리안 국내외 채식주의 산업 시장 보고서
저자 비피기술거래 / 120,000

077-2 [개정판] 탄소섬유 국내외 기술 및 시장동향과 업계 현황 보고서
저자 김상목 · 박기혁 / 120,000

078 일본 이화학연구소 – 리켄(RIKEN)심층연구
저자 비피기술거래 / 60,000

079 정전기 방전 기술과 시장동향 보고서
저자 비피기술거래 / 60,000

080 만화 – 박사장의 집단토론면접가이드
저자 김상목 · 비피기술거래 / 30,000

081-1 [개정판] 반도체 멤스프로브카드의 최신 기술 및 시장 동향보고서
저자 비피기술거래 / 60,000

082 융합기술이 답이다 – 일본과 우리나라의 기술융합정책
저자 비피기술거래 / 60,000

083 대학교수 고위공무원의 1년연수(안식년, sabbatical) 잘 다녀오는 법
저자 박기혁 · 이인성 / 30,000

084 유아용품 시장동향 보고서 – 중국 유아용품시장을 중심으로
저자 비피기술거래 / 120,000

085 누구나 이모티콘을 제작할 수 있다 – 이모티콘의 현재와 미래시장 현황과 제작 및 등록방법
저자 비피기술거래 / 60,000

086 절삭공구에 대한 유저들의 니즈 파악 및 세라믹 응용 가능 분야 연구보고서
저자 비피기술거래 / 30,000

087 만화 – 박사장의 사업툰
저자 박기혁 · 비피기술거래 / 30,000

088 로드리고 두테르테의 명과 암 그리고 도널드트럼프
저자 비피기술거래 / 60,000

089 쾌남 이재명, 그는 누구인가? (20191121 절판)
저자 김상목 / 30,000

090-2 [개정판] 블록체인 산업 지도를 바꾼다
저자 비피기술거래 / 60,000

091 스퍼터(Sputter) 및 스퍼터링(Sputtering) 관련 산업 및 기업 시장 조사 보고서
저자 비피기술거래 / 60,000

092 자율주행자동차 시대를 위한 법적인 과제와 준비
저자 권영실 / 60,000

093-2 [개정판] 자율주행자동차 인공지능 보고서
저자 비피기술거래 / 60,000

094 삼일만에책한권쓰기프로젝트
저자 박기혁 / 30,000

095 힐시 클린턴, 무대에서다 – 反트럼프의 비상구
저자 비피기술거래 / 30,000

~~096 문재인 정부의 과학기술정책~~
~~저자 비피기술거래 / 60,000~~

097 일상 생활에서 사용하는 전기차 이야기 – 전기차의 매력
저자 안규천 · 이봉길 / 60,000

098 만화 – 평범한 회사나 개인도 절대로 망하지 않게 하는 특급 B급 전략
저자 비피기술거래 / 30,000

099 만화로 읽는 학교에서 배우지 않는 것들 – 어른이 되기 위한 인생필수 교과서
저자 김상목 · 비피기술거래 / 30,000

100 문재인 정부의 부동산 정책 분석
저자 박기혁 · 변한수 · 비피기술거래 / 60,000

101 알고 싶은 철도산업 이야기
저자 비피기술거래 / 60,000

102 사이버 섹스 산업
저자 비피기술거래 / 30,000

103 동호인 테니스를 끝내 이기기 위한 살인병기: 결정발리, 서브, 스매싱
저자 박기혁 / 25,000

104 동호인 테니스, 심리학과 심리전으로 무장하면 백전백승
저자 박기혁 / 25,000

105 4차산업과 마이스(MICE) 컨벤션 산업의 발전
저자 박기혁 · 송승룡 · 비피국제회의기획 / 30,000

106 건강한 피를 만들기 위한 섭취법
저자 비피기술거래 / 30,000

107 만화로 읽는 3일만에 책한권쓰기 프로젝트
저자 박기혁, 그림 비피기술거래 / 30,000

108 미생 몸매 소유자가 들려주는 완생 다이어트
저자 박기혁 / 30,000

109 메모의 마법 – 책이 술술술 써지는 메모 습관
저자 박기혁 / 30,000

110 노벨 두드림: 이 책 읽고 노벨상 받자 〈노벨평화상〉
편집 비피기술거래 / 30,000

111 노벨 두드림: 이 책 읽고 노벨상 받자 〈노벨문학상〉
편집 비피기술거래 / 30,000

112 노벨 두드림: 이 책 읽고 노벨상 받자 〈노벨물리학상 1〉
편집 비피기술거래 / 30,000

113 노벨 두드림: 이 책 읽고 노벨상 받자 〈노벨물리학상 2〉
편집 비피기술거래 / 30,000

114 노벨 두드림: 이 책 읽고 노벨상 받자 〈노벨화학상 1〉
편집 비피기술거래 / 30,000

115 노벨 두드림: 이 책 읽고 노벨상 받자 〈노벨생리의학상 1〉
편집 비피기술거래 / 30,000

116 노벨 두드림: 이 책 읽고 노벨상 받자 〈노벨화학상 2〉
편집 비피기술거래 / 30,000

117 노벨 두드림: 이 책 읽고 노벨상 받자 〈노벨생리의학상 2〉
편집 비피기술거래 / 30,000

118 노벨 두드림: 이 책 읽고 노벨상 받자 〈노벨경제학상 2〉
편집 비피기술거래 / 30,000

119 후미진 곳의 매출부진 카페에 손님이 들게 하는 마법–카피스 카페 설립하기
저자 박기혁 · 송승룡 · 비피기술거래 / 30,000

120 현직 카페 주인 100명이 말하는 카페 커피숍 무조건 망하니까 절대 하지마라
저자 박기혁 · 송승룡 · 비피기술거래 / 30,000

121 현직 카페 사장 100인이 말하는 성공하는 서점겸 카페 차리기
저자 박기혁 · 송승룡 · 비피기술거래 / 30,000

122 현직 카페 사장 100인이 말하는 커피숍 바리스타
저자 박기혁 · 송승룡 · 비피기술거래 / 30,000

123-2 [개정판] 미래산업시리즈 – 3D 스캐닝 산업
저자 비피기술거래 / 60,000

124 124.성공하는 카페는 이렇게 일한다
저자 비피기술거래 / 30,000

125-2 [개정판] 드론 그것이 궁금하다
저자 비피기술거래 / 60,000

126 냉면으로 대박나는 요식업 창업전략 (20180430 절판)
저자 비피기술거래 / 60,000

127 위조 방지 기술
저자 비피기술거래 / 60,000

128-2 [개정판] 뉴로모픽 그것이 궁금하다
저자 비피기술거래 / 60,000

129-1 [개정판] 4차 산업혁명의 기회 – 누구나 뉴칼라가 될 수 있다
저자 비피기술거래 / 60,000

130 산전수전 다겪은 선배가 알려주는 캠퍼스 라이프 꿀팁
저자 비피기술거래 / 30,000

131 하루만에 끝내는 전자회로 개론
저자 비피기술거래 / 30,000

132 휴대폰 호갱 탈출기 (20180330 절판)
저자 비피기술거래 / 30,000

133 소비자를 사로잡는 특별한 10퍼센트: 스페셜티 카페의 모든것
저자 비피기술거래 / 30,000

134 원소의 탄생일지1: 주기율표song
저자 비피기술거래 / 60,000

135 4차 산업혁명 파생산업 시리즈: PID 센서
저자 비피기술거래 / 60,000

136 에코–프렌들리 비즈니스의 첫걸음: 난 돈 벌면서 커피 찌꺼기 버린다
저자 비피기술거래 / 30,000

137 4차 산업혁명 파생산업 시리즈: 에너지 절약형 유리
저자 비피기술거래 / 60,000

138 21세기 팥빙수 백서 (20180531 절판)
저자 비피기술거래 / 30,000

139 온 국민이 즐기는 응원제
저자 비피기술거래 / 30,000

140 전 세계에 파란을 예고한 물 부족_인쇄용
저자 비피기술거래 / 30,000

141-1 [개정판] 똑똑한 AI를 만드는 작은 차이, 머신러닝과 딥러닝
저자 비피기술거래 / 60,000

142 4차 산업혁명 파생산업 시리즈: 저온 동시 소성 세라믹스
저자 비피기술거래 / 60,000

143 원소의탄생일지2: 전이금속
저자 비피기술거래 / 30,000

144 원소의탄생일지3: 세계자원확보전쟁의 주인공 희토류
저자 비피기술거래 / 30,000

~~145 천원이면 누구나 할 수 있는 복권 재테크 – 로또복권~~
~~저자 비피기술거래 / 30,000~~

146 폭락장 속의 생존기술: 가상화폐의 기초 이해하기
저자 비피기술거래 / 30,000

147 한권으로 끝내는 텐서플로, AI 머신러닝 개발하기
저자 비피기술거래 / 30,000

148 4차 산업혁명 파생산업 시리즈: 주문형 반도체 산업
저자 비피기술거래 / 60,000

~~149 Why(Y)세대 트렌드; 털(毛)털(毛)한 남자_최종~~
~~저자 비피기술거래 / 30,000~~

150 1퍼센트를 위한 한국과 중국의 도자기 산업백서
저자 비피기술거래 / 30,000

151-1 [개정판] 4차 산업혁명 파생 기술 시리즈; 스마트 그리드와 사물인터넷, 빅데이터의 이해
저자 비피기술거래 / 60,000

152 나는 비트코인 말고 미생물에 투자하기로 결심했다; 떠오르는 에코 프랜들리 비즈니스
저자 비피기술거래 / 60,000

153 주(住)목하라,삶의 공간에 관한 디자인과 인테리어
저자 비피기술거래 / 30,000

154-1 [개정판] 4차 산업혁명 파생 산업 시리즈: ICT 서비스 산업
저자 비피기술거래 / 60,000

155 알기 쉬운 암호 기술 변천사; 고전기술에서 비트 코인까지
저자 비피기술거래 / 60,000

~~156 청춘의 연애심리학: 올해는 반드시 연애 많이 하는 남자가 되자~~
~~저자 비피기술거래 / 30,000~~

157 한권으로 끝내는 전기공학 개론
저자 비피기술거래 / 60,000

158 4차 산업혁명 파생 기술 시리즈; 반도체 공정 중 다공성 회전 바이스 산업 분석
저자 비피기술거래 / 60,000

159 한권으로 끝내는 블록체인 원천 기술: 현대의 암호학
저자 비피기술거래 / 60,000

160 4차산업혁명 파생기술 시리즈: 수소에너지 제조 기술
저자 비피기술거래 / 60,000

161 당신도 할 수 있다 청춘 재테크; 자취방부터 주택 청약까지
저자 서울대OB주식연구회 / 30,000

~~162 캠핑 마스터, 오감으로 즐기는 365일 캠핑~~
~~편집 비피엔터컨텐츠연구소 / 30,000~~

163 4차산업혁명 파생기술 시리즈: 에너지 저장 기술 (ESS) (20190425 절판)
저자 비피기술거래 / 60,000

164 제4차 산업혁명의 꽃 전장사업: 왜 삼성은 전장사업에 목숨을 걸까
저자 비피기술거래 / 60,000

165 PD, 작가들이 즐겨보는 방송소재집; 요식업 창업 전략 '냉면' 편
편집 비피엔터컨텐츠연구소 / 30,000

166 청춘 산업 보고서; PD, 드라마 작가, 소설가들이 꼭 봐야할 참신한 이야기
편집 비피엔터컨텐츠연구소 / 30,000

167-1 [개정판] 4차 산업혁명 벨류체인 및 ICT 산업 전략 분석
저자 비피기술거래 / 60,000

168 잘 나가는 BJ 들의 비밀 코드; 1인 미디어 플랫폼 시장 산업 분석
편집 비피엔터컨텐츠연구소 / 30,000

169 동호인 테니스, 고수가 되는 법은 손목에 있다
저자 박기혁 / 25,000

170 인터넷쇼핑 싸게 잘하는 핵꿀팁
편집 비피엔터컨텐츠연구소 · 조이영 / 30,000

171 떠오르는 태양 E-SPORTS
편집 비피엔터컨텐츠연구소 / 30,000

172 인공지능 시대에 대비한 지방대생 성공전략
저자 김송호 / 30,000

173-1 [개정판] 주식투자자들이 꼭 알아야 할 인공지능 트렌드와 주요기업 현황
저자 비피기술거래 · 한상훈 / 60,000

174-1 [개정판] 인슈어테크 산업전망 및 발전전략 보고서
저자 비피기술거래 / 60,000

175-1 가상현실, 증강현실 산업 분석
저자 비피기술거래 / 60,000
보고서

176 연수 첫 날 나눠주는 다른 회사 메뉴얼 훔쳐보기
저자 박기혁 · 비피기술거래 / 30,000

177 세계 환경과 관련한 사건, 사고 분석 보고서
저자 비피기술거래 / 30,000

178 4차 산업혁명을 현명하게 헤쳐나갈 유아교사를 위한 안내서
저자 비피교육연구소 / 30,000

179-1 [개정판] 4차 산업혁명 시대의 바이오 산업 분석 보고서
저자 비피기술거래 / 60,000

180 잘 팔리는 책을 빨리 쓰는 방법; 커피타임즈 글쓰기 책내기 센터 전략서
저자 비피기술거래 / 30,000

181 미생 몸매 소유자가 들려주는 완생 다이어트 (한국어,베트남어)
저자 비피기술거래 / 30,000

182-1 [개정판] 정부도 인정한 4차 산업의 핵심, GAME 산업의 1 to 100
저자 비피기술거래 / 60,000

183 경력단절 여성들이여 친정오빠 말대로 글쓰고 책내서 돈도 벌렴
저자 비피기술거래 / 25,000

184 4차 산업혁명 시대의 로봇 백서; 로봇 기술의 모든 것
저자 비피기술거래 / 30,000

185 디스플레이 전쟁
저자 비피기술거래 / 60,000

186 베트남에서 사업하고 싶은 사람을 위한 베트남 정보 개론
저자 비피기술거래 / 30,000

187 현직카페 사장 100인이 말하는 카페손님으로서의 공부족 연구
저자 비피기술거래 / 30,000

188 O2O 전쟁터 4차 산업혁명 시대의 숙박산업 보고서
저자 비피기술거래 / 60,000

189 리스닝 완벽하게 하기; 말하는 사람의 단어 하나하나를 충실히 듣기와 새기기
저자 비피기술거래 / 30,000

190-1 [개정판] 인공지능 기술과 콘텐츠 전쟁의 현주소; 최신 기술 및 유망산업 백서
저자 비피기술거래 / 60,000

191 정부도 인정한 4차 산업의 핵심, GAME 산업의 1 to 100 (한국어베트남어)
저자 비피기술거래 / 60,000

192 마음의 힐링, 인생 사업의 혁신을 위해 알래스카를 다녀와야 할 45가지 이유
저자 비피기술거래 / 30,000

193-1 [개정판] 백세시대를 준비하는 헬스케어 산업의 동향과 전망
저자 비피기술거래 / 60,000

194 마이크로웨이브 건조기술 백서
저자 비피기술거래 / 60,000

195 인도에서 사업하고 싶은 사람을 위한 인도 정보 개론
저자 비피기술거래 · 박기혁 공저 / 30,000

196 현장의 유아교사를 위한 유아 교육프로그램
저자 비피교육연구소 / 30,000

197 화장품 사업 개론
저자 비피기술거래 / 30,000

198-1 [개정판] 4차 산업혁명의 핵심; 에너지 신기술 보고서
저자 비피기술거래 · 한상훈 / 60,000

199 4차 산업과 마이스(MICE) 컨벤션 산업의 발전 (한국어,베트남어)
저자 비피기술거래 / 30,000

200 혼자 영화 보기의 46가지 장점과 소확행 이야기
저자 비피기술거래 / 30,000

201-1 [개정판] 이너뷰티와 4차 산업혁명의 만남; 건강기능식품 산업 보고서
저자 비피기술거래 / 60,000

202 MIT 10대 유망 기술과 유관 산업 분석
저자 비피기술거래 / 30,000

203 동호인 테니스, 배드민턴처럼 치면 금방 고수가 된다
저자 박기혁 / 25,000

204 PD, 작가들이 즐겨보는 방송소재집;청춘이 열광하는 음악에 대한 이야기
저자 비피엔터컨텐츠연구소 / 30,000

205 카페 커피숍 무조건 망하니까 절대 하지마라 (베트남어)
저자 비피베트남어연구회 / 30,000

206 모으고, 절약하고, 불리는 재테크의 모든 것
저자 서울공대OB주식연구회 / 30,000

207 누구나 쉽게 무료로 저자가 될 수 있다
저자 비피생활문화연구소 / 30,000

208 작지만 강한 카페로 살아남는 법; 책 저자를 무료로 만들어 주는 카페
저자 비피생활문화연구소 / 30,000

209-1 [개정판] 4차 산업시대의 스마트 가전
저자 비피기술거래 / 60,000

210 베트남인 생활 관찰 정보를 통한 유망 사업 수요 분야 정리
저자 비피기술거래 / 30,000

211 좋은 수업을 꿈꾸는 유아교사를 위한 발문 안내서
저자 비피교육연구소 / 30,000

212 중미 무역 전쟁; 뉴패러다임의 도래와 우리의 과제
저자 비피기술거래 / 30,000

213-1 [개정판] 5G 시대의 도래와 정보 보안
저자 비피기술거래 / 60,000

214-1 [개정판] 4차 산업혁명 시대의 교육 산업의 변화
저자 비피교육연구소 / 30,000

215-1 [개정판] 4차 산업혁명과 힐링산업 코드
저자 비피기술거래 / 30,000

216-1 [개정판] 4차 산업혁명 시대의 무인산업 안내서
저자 비피기술거래 / 60,000

217 작은 카페 차려서 망하지 않으려면 카페와 출판사를 같이 차려라
저자 비피기술거래 / 30,000

218 잘 팔리는 책을 빨리 쓰는 방법; 커피타임즈 글쓰기 책내기 센터_베트남어
저자 비피베트남어연구회 / 30,000

219 4차 산업혁명과 공유 경제; 공유 플랫폼 전략
저자 비피기술거래 / 30,000

220 작은 카페 창업은 셀프 카페, 스터디 카페, 무인 카페로 손해를 줄여라
저자 비피생활문화연구소 / 30,000

221 독후감으로 읽는 대학생이라면 꼭 읽어야 할 필독도서
저자 비피교육연구소 / 30,000

222 비평문으로 읽는 대학생이라면 꼭 읽어야 할 필독도서
저자 비피교육연구소 / 30,000

223 산업 트렌드로 꿰뚫는 창업전략; 코인노래방
저자 비피생활문화연구소 / 30,000

224 한반도 폭염을 정책과 사업, 소확행 관점에서 심상치 않게 볼 57가지 이유
저자 비피기술거래 / 30,000

225 4차 산업혁명시대의 자율주행 자동차 산업백서
저자 비피기술거래 / 60,000

226 3일 만에 책 한 권 쓰기 프로젝트 (베트남어)
저자 비피베트남어연구회 / 30,000

227 미술활동을 좋아하는 유아교사를 위한 아동미술심리 입문하기
저자 비피교육연구소 / 30,000

228 새벽 지하철이 부와 건강을 가져다주는 26가지 이유; 소확행과 글쓰기
저자 비피생활문화연구소 / 30,000

229 창업 대비 필수 마케팅 전략 보고서
저자 비피기술거래 / 30,000

230 PD, 작가들이 즐겨보는 방송소재집; 글쓰기로 우울증 극복하는 방법
저자 비피기술거래 / 30,000

231 하루만에 끝내는 전자회로 개론
저자 비피생활문화연구소 / 30,000

232 누구나 쉽게 무료로 저자가 될 수 있다 (베트남어)
저자 비피베트남어연구회 / 30,000

233 PD, 작가들이 즐겨보는 스토리 소재집; 치과의사와 치과병원편
저자 비피생활문화연구소 / 30,000

234 잘 나가는 유튜브와 책 만들기; 13가지 이유라는 식으로 제목을 잡아라
저자 비피생활문화연구소 / 30,000

235 LG화학주식 매수 전 알아야 할 용어와 이슈 54가지
저자 서울공대OB주식연구회 / 30,000

236 작지만 강한 카페로 살아남는 법; 책 저자를 무료로 만들어 주는 카페(베트남어)
저자 비피베트남어연구회 / 30,000

237 박항서 감독이 몰고 온 베트남 바람
저자 비피기술거래 / 30,000

238 삼성전자 주식 매수 전 알아야 할 용어와 이슈 30가지
저자 서울공대OB주식연구회 / 30,000

239 회사의 자금을 원활히 조달하는 방법; 작은 회사 대표도 할 수 있는 미니 M&A
저자 비피기술거래 / 30,000

240 해외에서 글을 쓰면 빨리 좋은 글이 써지는 59가지 이유; 소확행적 해외 글쓰기 꿀팁
저자 비피생활문화연구소 / 30,000

241 미국 방열기판 시장 동향 조사 분석
저자 비피기술거래 / 60,000

242 장사가 부진한 카페는 상담 카페로 전환해서 적자를 면하라
저자 비피생활문화연구소 / 30,000

243 해외에서 유튜브 아이디어를 구상하면 좋은 63가지 이유; 유튜브 시장 성공전략 1
저자 비피생활문화연구소 / 30,000

244 잘 나가는 웹툰 만들기; 13가지 이유라는 식으로 제목을 잡아라
저자 비피생활문화연구소 / 30,000

245 예술의 17가지 속성을 이해해야 1인 미디어로 돈 번다; 유튜브 시장 성공전략 2
저자 비피생활문화연구소 / 30,000

246 셀트리온 3형제 주식 매수 전 알아야 할 이슈와 용어 34가지
저자 서울공대OB주식연구회 / 30,000

247 중국 방문 없이 중국을 빠르게 이해하는 법; 유튜브 시장 성공전략 3
저자 비피생활문화연구소 / 30,000

248 원격의료 그 논란의 속살을 파헤친다
저자 비피기술거래 / 60,000

249 4개 국어에 능통하면 유튜버와 소확행에 좋은 10가지 이유; 유튜브 시장 성공전략 4
저자 비피생활문화연구소 / 30,000

250 닌텐도 주식 투자 전 알아야 할 닌텐도의 모든 것
저자 서울공대OB주식연구회 / 30,000

251 외국어 들리는 대로 한글로 적어라; 4개 국어 하는 취준생 양성 프로젝트 1
저자 비피생활문화연구소 / 30,000

252 4개 국어 하는 고경력 은퇴자 양성 프로젝트 1; 외국어 들리는 대로 한글로 적어라
저자 비피생활문화연구소 / 30,000

253 전문가가 말하는 화장품업 진입 및 미래 생존전략; 사업자를 위한 화장품 정보 각론
저자 비피뷰티바이오사업부 / 30,000

254 미국이 중국 푸젠반도체를 제재함의 경제 정책적 의미; 주식 시장 영향 분석집 1
저자 서울공대OB주식연구회 / 30,000

255 SK텔레콤 주식 매수 전 알아야 할 용어와 이슈 41가지; 주식 시장 영향 분석집 2
저자 서울공대OB주식연구회 / 30,000

256 동진쎄미켐 주식 매수 전 알아야 할 용어와 이슈 55가지; 주식 시장 영향 분석집 3
저자 서울공대OB주식연구회 / 30,000

257 중국 푸젠반도체를 트럼프가 제재함의 산업 정책적 의미; 정책가와 테크노파크 연구원 필독서 1
저자 비피기술거래 / 30,000

258 외국어 들리는 대로 한글로 적어라; 4개 국어 하는 기업 간부 양성 프로젝트 1
저자 비피생활문화연구소 / 30,000

259 중국제조 2025; 미중 무역 전쟁의 배경과 전망
저자 비피기술거래 / 30,000

260 아디다스, 나이키 주식 매수 전 알아야 할 키워드 48가지; 주식 시장 영향 분석집 4
저자 서울공대OB주식연구회 / 30,000

261 공부의 신들이 말하는 변호사 시험 무조건 합격하는 법 1; 주관식 시험 눈으로만 보면 망한다
저자 비피생활문화연구소 / 30,000

262 신라젠 주식 매수 전 알아야 할 용어와 이슈 30가지; 주식 시장 영향 분석집 5
저자 서울공대OB주식연구회 / 30,000

263 키워드를 선점해야 돈 번다; 유튜브 시장 성공전략 5
저자 비피생활문화연구소 / 30,000

264 해외에서 글을 쓰면 빨리 좋은 글이 써지는 59가지 이유 (베트남어)
저자 비피베트남어연구회 / 30,000

265 삼성바이오로직스 주식 매수 전 알아야 할 용어와 이슈 54가지; 주식 시장 영향 분석집 6
저자 서울공대OB주식연구회 / 30,000

266 푸젠반도체를 둘러싼 미중 무역전쟁과 반도체 상식 늘리기; 취업 면접 대비집
저자 비피기술거래 / 30,000

267 탄수화물 섭취 체계적으로 줄이기; 건강하게 다이어트 하는 법 1
저자 비피생활문화연구소 / 30,000

268 주관식 시험 눈으로만 보면 망한다; 공부의 신들이 말하는 행정고시 무조건 합격하는 법 1
편집 비피엔터컨텐츠연구소 / 30,000

269 네이버 주식 매수 전 알아야 할 키워드 39가지; 주식 시장 영향 분석집 7
저자 서울공대OB주식연구회 / 30,000

270 책 읽어주는 유튜브; 유튜브 시장 성공전략 6
저자 비피생활문화연구소 / 30,000

271 게임 관련 기업 주식 매수 전 알아야 할 용어와 이슈 31가지; 주식 시장 영향 분석집 8
저자 서울공대OB주식연구회 / 30,000

272 한미약품 주식 매수 전 알아야 할 용어와 이슈 56가지; 주식 시장 영향 분석집 9
저자 서울공대OB주식연구회 / 30,000

273 미디어 플랫폼 기업 주식 매수 전 알아야 할 용어와 이슈 30가지; 주식 시장 영향 분석집 10
저자 서울공대OB주식연구회 / 30,000

274 투잡 유튜버가 돼야 오래 간다; 유튜브 시장 성공전략 7
저자 비피생활문화연구소 / 30,000

275 외국어 문법 상관없이 듣고 적어라; 4개 국어 하는 유튜버 양성 프로젝트 1
저자 비피생활문화연구소 / 30,000

276 4차 산업혁명 시대를 뒷받침하는 핵심 소재 이야기
저자 비피기술거래 / 60,000

277 외국어 2음절씩 리듬 타고 들어라; 4개 국어 하는 유튜버 양성 프로젝트 2
저자 비피생활문화연구소 / 30,000

278 대웅제약 주식 매수 전 알아야 할 용어와 이슈 58가지; 주식 시장 영향 분석집 11
저자 서울공대OB주식연구회 / 30,000

279 장기적 불황을 타개하고 산업을 선도할 수출 효자 종목 및 국내 유망 신산업 11가지
저자 비피기술거래 / 30,000

280 역량의 10프로만 유튜브에 투자하라; 출판사에서 유튜브 회사로의 전환 전략 1
저자 비피생활문화연구소 / 30,000

281 베스트 요약으로 제목과 타겟을 정하라; 출판사에서 유튜브 회사로의 전환 전략 2
저자 비피생활문화연구소 / 30,000

282 GC녹십자 주식 매수 전 알아야 할 용어와 이슈 62가지; 주식 시장 영향 분석집 12
저자 서울공대OB주식연구회 / 30,000

283 카카오뱅크 모임통장이 대박 난 이유; 주식 시장 영향 분석집 13
저자 서울공대OB주식연구회 / 30,000

284 한국전력 주식 매수 전 알아야 할 용어와 이슈; 주식 시장 영향 분석집 14
저자 서울공대OB주식연구회 / 30,000

285 화학회사들이 올인하는 TIM과 엘라스토머 등 전기차 방열문제 트렌드; 주식 시장 영향 분석집 15
저자 서울공대OB주식연구회 / 30,000

286 일동제약 주식 매수 전 알아야 할 용어와 이슈 49가지; 주식 시장 영향 분석집 16
저자 서울공대OB주식연구회 / 30,000

287 유한양행 주식 매수 전 알아야 할 용어와 이슈 48가지; 주식 시장 영향 분석집 17
저자 서울공대OB주식연구회 / 30,000

288 전자책 이북과 유튜브를 같이 하라; 출판사에서 유튜브 회사로의 전환 전략 3
저자 비피생활문화연구소 / 30,000

289 종근당 주식 매수 전 알아야 할 용어와 이슈 52가지; 주식 시장 영향 분석집 18
저자 서울공대OB주식연구회 / 30,000

290 한 권으로 살펴보는 에너지저장시스템 (ESS)
저자 비피기술거래 / 60,000

291 의미 부여로 단어를 외우고 눈으로 받아쓰라_ 4개 국어 하는 유튜버 양성 프로젝트 3
저자 비피생활문화연구소 / 30,000

292 현대자동차 주식 매수 전 알아야 할 용어와 이슈_ 주식 시장 영향 분석집 19
저자 서울공대OB주식연구회 / 30,000

293 에너지저장시스템(ESS)과 관련한 최신 이슈 26가지
저자 비피기술거래 / 60,000

294 사회복지직공무원 시험 마약 암기법
저자 비피공무원시험연구소 / 30,000

295 JW중외제약의 핫 키워드와 이슈 모르면 주식 대박 힘들다
저자 서울공대OB주식연구회 / 30,000

296 9급 일반행정직 시험 모르면 나만 떨어지는 마약 암기법
저자 비피공무원시험연구소 / 30,000

297 9급 일반행정직 마약 암기에 따른 문제풀이법
저자 비피공무원시험연구소 / 30,000

298 반도체주의 핫 키워드와 이슈 모르면 주식 대박 힘들다_ SK하이닉스 편
저자 서울공대OB주식연구회 / 30,000

299 자율주행 자동차주의 핫 키워드와 이슈 모르면 주식 대박 힘들다_ 현대모비스 편
저자 서울공대OB주식연구회 / 30,000

300 7급 일반행정직 공무원시험 모르면 나만 떨어지는 마약 암기법
저자 비피공무원시험연구소 / 30,000

301 JLPT N4,N5 단어 기독교 신앙심으로 초스피드 외우기
저자 비피일본어연구회 / 19,500

302 최단시간으로 중국어 HSK 2~4급 획득하는 법
저자 비피중국어연구회 / 19,500

303 1인 미디어플랫폼주의 핫 키워드와 이슈 모르면 주식 대박 힘들다
저자 서울공대OB주식연구회 / 19,500

304 5G 빅사이클 시작, 이동통신 3사의 핫 키워드와 이슈 모르면 주식 대박 힘들다
저자 서울공대OB주식연구회 / 19,500

305 5G 최대수혜주, 통신장비업종 3사의 핫 키워드와 이슈 모르면 주식 대박 힘들다
저자 서울공대OB주식연구회 / 19,500

306 기출로 보는 임상심리사 2급 필기_ 최단 시간 마약 암기 문제풀이법
저자 최단시간임상심리사연구회 / 19,500

307 전교 20등을 전교 5등으로 만드는 문제풀이법
저자 전교5등클리닉 / 19,500

308 5G 최대수혜주, 5G폰 부품업체 4사의 핫 키워드와 이슈 모르면 주식 대박 힘들다
저자 서울공대OB주식연구회 / 19,500

309 핀테크 관련 최대수혜주의 핫 키워드와 이슈 모르면 주식 대박 힘들다
저자 서울공대OB주식연구회 / 19,500

310 9급 법원직 공무원시험 모르면 나만 떨어지는 마약 암기법
저자 최단시간공무원시험연구소 / 19,500

311 주택관리사 민법총칙 직장 다니며 공부하는 노하우와 최단시간 문제풀이법
저자 최단시간주택관리사시험연구소 / 19,500

312 신라젠 회사 취업을 위해 꼭 알아야 할 용어와 이슈
저자 비피기술거래 / 19,500

313 7급 공무원 행정법 암기 노하우와 최단시간 문제풀이법
저자 최단시간공무원시험연구소 / 19,500

314 불황없는 엔젤산업 최대수혜주 핫 키워드와 이슈 모르면 주식 대박 힘들다
저자 비피기술거래 / 19,500

315 9급 공무원 행정학 암기 노하우와 최단시간 기출문제풀이법
저자 최단시간공무원시험연구소 / 19,500

316-1 [개정판] 삼성바이오로직스 취업을 위해 꼭 알아야 할 용어와 이슈
저자 비피기술거래 / 19,500

317 9급 공무원 행정학 모르면 나만 떨어지는 핵심 키워드 (인사편)
저자 최단시간공무원시험연구소 / 19,500

318 SK텔레콤 취업을 위해 꼭 알아야 할 용어와 이슈
저자 비피기술거래 / 19,500

319 토익 LC 고득점을 위해 헷갈리는 부분 정복하기_ 영국 호주식 발음
저자 최단시간토익시험연구소 / 19,500

320 공부의 신들이 말하는 변리사 시험 무조건 합격하는 법_ 주관식 시험 눈으로만 보면 망한다
저자 최단시간변리사시험연구소 / 19,500

321 4차 산업혁명의 핵심 스마트시티 최대 수혜주 핫 키워드와 이슈 모르면 주식 대박 힘들다
저자 서울공대OB주식연구회 / 19,500

322 대웅제약 취업을 위해 꼭 알아야 할 용어와 이슈
저자 비피기술거래 / 19,500

323 블록체인 플랫폼 최대수혜주 4대 기업과 핵심이슈 모르면 주식 대박 힘들다
저자 서울공대OB주식연구회 / 19,500

324 GC녹십자 취업을 위해 꼭 알아야 할 용어와 이슈
저자 비피기술거래 / 19,500

325 9급 법원직 공무원시험 민법총칙 직장 다니며 공부하는 노하우와 최단시간 문제풀이법
저자 최단시간공무원시험연구소 / 19,500

326 5G 시대 IOT 최대 수혜주 3대 기업과 핵심이슈 모르면 주식 대박 힘들다
저자 서울공대OB주식연구회 / 19,500

327 한국전력 취업을 위해 꼭 알아야 할 용어와 이슈
저자 비피기술거래 / 19,500

328 5급 공무원 2차 주관식시험 반드시 합격한다_ 서브노트 과연 필요한가
저자 최단시간공무원시험연구소 / 19,500

329 핀테크(FinTech)관련 산업 전망과 핵심기업 핫이슈
저자 비피기술거래 / 19,500

330 수능 일본어 한글 활용 단어장과 최단시간 암기법
저자 최단시간일본어연구회 / 19,500

331 유한양행 취업을 위해 꼭 알아야 할 용어와 이슈
저자 비피기술거래 / 19,500

332 미중 무역전쟁 최대수혜주 5대 기업과 핫이슈 모르면 주식 대박 힘들다
저자 서울공대OB주식연구회 / 19,500

333 종근당 취업을 위해 꼭 알아야 할 용어와 이슈
저자 비피기술거래 / 19,500

334 최단시간에 수능 이과 수학 풀려면 3단계법으로 하라
저자 최단시간수능시험연구회 / 19,500

335 현대자동차 취업을 위해 꼭 알아야 할 용어와 이슈
저자 비피기술거래 / 19,500

336 SK하이닉스 취업을 위해 꼭 알아야 할 용어와 이슈
저자 비피기술거래 / 19,500

337 교육서비스 관련 5대 기업과 핵심이슈 모르면 주식 대박 힘들다
저자 서울공대OB주식연구회 / 19,500

338 현대모비스 취업을 위해 꼭 알아야 할 용어와 이슈
저자 비피기술거래 / 19,500

339 4차 산업혁명 핵심분야 핫 키워드와 이슈 모르면 주식 대박 힘들다
저자 서울공대OB주식연구회 / 19,500

340 법원행시 주관식 시험 표출해야 합격한다_ 민법 점수 올리는 꿀팁
저자 최단시간법원행시연구회 / 19,500

341 4차 산업혁명 바이오, 에너지 분야 핫이슈 모르면 주식 대박 힘들다
저자 서울공대OB주식연구회 / 19,500

342 스마트팩토리 최대수혜주 2대 기업과 핫이슈 모르면 주식 대박 힘들다
저자 서울공대OB주식연구회 / 19,500

343 1인 미디어플랫폼 회사 취업을 위해 꼭 알아야 할 용어와 이슈
저자 비피기술거래 / 19,500

344 5G시대 이동통신 회사 취업을 위해 꼭 알아야 할 용어와 이슈
저자 비피기술거래 / 19,500

345 세무사 2차 시험 무조건 합격하는 법_ 눈으로만 보면 주관식 시험은 망한다
저자 최단시간세무사시험연구회 / 19,500

346 5G시대 미디어 콘텐츠 산업 핫 키워드와 이슈 모르면 주식 대박 힘들다
저자 서울공대OB주식연구회 / 19,500

347 보험계리사 2차 필수합격을 위한 공부법과 서브노트의 필요성
저자 최단시간보험계리사연구소 / 19,500

348 5G시대 통신장비업종 취업을 위해 꼭 알아야 할 용어와 이슈
저자 비피기술거래 / 19,500

349 최단시간에 주택관리사 회계원리 개념과 문제풀이 쉽게 정복하는 법
저자 최단시간주택관리사연구소 / 19,500

350 5G폰 부품업체 취업을 위해 꼭 알아야 할 용어와 이슈
저자 비피기술거래 / 19,500

351 日 반도체소재 수출규제에 따른 최대수혜주와 이슈 모르면 주식 대박 힘들다
저자 서울공대OB주식연구회 / 19,500

352 최단시간에 전산회계 1급 이론과 개념 정복하기
저자 최단시간전산회계연구회 / 19,500

353 5G시대 게임 산업 핫 키워드와 이슈 모르면 주식 대박 힘들다
저자 서울공대OB주식연구회 / 19,500

354 핀테크 관련 기업 취업을 위해 꼭 알아야 할 용어와 이슈
저자 비피기술거래 / 19,500

355 사회초년생을 위한 자산관리 필독서
저자 비피기술거래 / 19,500

356 엔젤산업 관련 기업 취업을 위해 꼭 알아야 할 용어와 이슈
저자 비피기술거래 / 19,500

357 스마트시티 관련 기업 취업을 위해 꼭 알아야 할 용어와 이슈
저자 비피기술거래 / 19,500

358 블록체인 플랫폼 기업 취업을 위해 꼭 알아야 할 용어와 이슈
저자 비피기술거래 / 19,500

359 IOT 관련 기업 취업을 위해 꼭 알아야 할 용어와 이슈
저자 비피기술거래 / 19,500

360 교육서비스 관련 기업 취업을 위해 꼭 알아야 할 용어와 이슈
저자 비피기술거래 / 19,500

361 4차 산업혁명 핵심분야 취업을 위해 꼭 알아야 할 용어와 이슈
저자 비피기술거래 / 19,500

362 4차 산업혁명 바이오, 에너지 분야 취업을 위해 꼭 알아야 할 용어와 이슈
저자 비피기술거래 / 19,500

363 스마트팩토리 관련 기업 취업을 위해 꼭 알아야 할 용어와 이슈
저자 비피기술거래 / 19,500

364 미디어, 콘텐츠 관련 기업 취업을 위해 꼭 알아야 할 용어와 이슈
저자 비피기술거래 / 19,500

365 경영지도사 2차 나만의 주관식 문제집을 만들어야 반드시 합격한다
저자 최단시간경영지도사연구회 / 19,500

366 제약 바이오 산업 최대수혜주 5개 기업과 이슈 모르면 주식 대박 힘들다
저자 서울공대OB주식연구회 / 19,500

367 아프리카 돼지열병 관련 7개 기업과 이슈 모르면 주식 대박 힘들다_
저자 서울공대OB주식연구회 / 19,500

368 日반도체소재 수출규제로 떠오르는 기업 취업을 위해 꼭 알아야 할 용어와 이슈
저자 비피기술거래 / 19,500

369 게임 산업 관련 기업 취업을 위해 꼭 알아야 할 용어와 이슈
저자 비피기술거래 / 19,500

370 공인중개사 남들보다 하루라도 먼저 붙는 방법
저자 최단시간공인중개사연구회 / 19,500

371 네이버 취업을 위해 꼭 알아야 할 용어와 이슈
저자 비피기술거래 / 19,500

372 폴더블 스마트폰 시대 최대수혜주 5개 기업과 이슈 모르면 주식 대박 힘들다
저자 서울공대OB주식연구회 / 19,500

373 사회조사분석사 2급 필답형 핵심키워드 간단하게 외워 합격하기
저자 최단시간사조사연구회 / 19,500

374 제약 바이오 산업 관련 기업 취업을 위해 꼭 알아야 할 용어와 이슈
저자 비피기술거래 / 19,500

375 고령사회 실버산업 핫키워드와 이슈 모르면 주식 대박 힘들다
저자 서울공대OB주식연구회 / 19,500

376 개업공인중개사의 네트워크 활동을 통한 경영성과 향상방안
저자 이강복 / 23,000

377 한미약품 취업을 위해 꼭 알아야 할 용어와 이슈
저자 비피기술거래 / 19,500

378 영어 긴 문장도 듣고 말할 수 있는 직효 방법_ 유학준비생을 위한 책
저자 최단시간영어연구회 / 19,500

379 일동제약 취업을 위해 꼭 알아야 할 용어와 이슈
저자 비피기술거래 / 19,500

380 오픈뱅킹과 금융플랫폼 최대수혜주 기업과 이슈 모르면 주식 대박 힘들다
저자 서울공대OB주식연구회 / 19,500

381 행정고시 스트레스나 우울증 없이 쉽게 합격하는 법
저자 최단시간행정고시연구회 / 19,500

382 JW중외제약 취업을 위해 꼭 알아야 할 용어와 이슈
저자 비피기술거래 / 19,500

383 아프리카 돼지열병 관련 기업 취업을 위해 꼭 알아야 할 용어와 이슈
저자 비피기술거래 / 19,500

384 일본어 직청직해로 어휘의 범위를 넓혀라_ 일본 유학준비생을 위한 조언
저자 최단시간일본어연구회 / 19,500

385 투자선호국 1위 베트남 진출 최대수혜주 기업과 이슈 모르면 주식 대박 힘들다
저자 서울공대OB주식연구회 / 19,500

386 폴더블 스마트폰 관련 기업 취업을 위해 꼭 알아야 할 용어와 이슈
저자 비피기술거래 / 19,500

387 이차전지 최대수혜주 5개 기업과 이슈 모르면 주식 대박 힘들다
저자 서울공대OB주식연구회 / 19,500

388 OLED 디스플레이 최대수혜주 7개 기업과 이슈 모르면 주식 대박 힘들다
저자 서울공대OB주식연구회 / 19,500

389 고령사회 실버산업 관련 기업 취업을 위해 꼭 알아야 할 용어와 이슈
저자 비피기술거래 / 19,500

390 자동화시대 정보보안산업 최대수혜주 6개 기업과 이슈 모르면 주식 대박 힘들다
저자 서울공대OB주식연구회 / 19,500

391 신참법조인(변호사, 법무사, 행정사)이 개업 전 전문서적 읽고 정보 습득하는 법
저자 법조연구회 / 19,500

392 급변하는 새로운 금융플랫폼 관련 기업 취업을 위해 알아야 할 용어와 이슈
저자 비피기술거래 / 19,500

393 인플루언서 마케팅 관련 핫 키워드와 이슈 모르면 주식 대박 힘들다
저자 서울공대OB주식연구회 / 19,500

394 비법예문 500가지로 수능 일본어 단어 2달 안에 다 외우기
저자 최단시간일본어연구회 / 19,500

395 2020년 대세 멀티카메라 최대수혜주 5개 기업과 이슈 모르면 주식 대박 힘들다
저자 서울공대OB주식연구회 / 19,500

396 행정사 시험의 시작부터 합격 후의 모든 것 Q_A 가이드
저자 법조연구회 / 19,500

397 신참법조인(변호사, 법무사, 행정사)을 위한 바이오 분야 이슈 및 용어 필독서
저자 법조연구회 / 19,500

398 법조인(변호사, 법무사, 행정사)이 강의 할 때 실수하는 32가지 사례 분석
저자 법조연구회 / 19,500

399 법조인(변호사, 법무사, 행정사)의 영업 전략
저자 법조연구회 / 19,500

400 미세먼지 재난 최대수혜주 6개 기업과 이슈 모르면 주식 대박 힘들다
저자 서울공대OB주식연구회 / 19,500

401 어때요 재수삼수로 의대 들어가기 (20년 3월판)
저자 의대입시연구회 / 19,500

402 베트남 진출 기업 취업을 위해 꼭 알아야 할 용어와 이슈
저자 비피기술거래 / 19,500

403 발포제 산업 최대수혜주 5개 기업과 이슈 모르면 주식 대박 힘들다
저자 서울공대OB주식연구회 / 19,500

404 화장품 산업 최대수혜주 4개 기업과 이슈 모르면 주식 대박 힘들다
저자 비피기술거래 / 19,500

405 법조인이 알아야 할 요기요 같은 배달배송업의 실태와 미래성
저자 법조연구회 / 19,500

406 한한령 해제 최대수혜주 5개 기업과 이슈 모르면 주식 대박 힘들다
저자 서울공대OB주식연구회 / 19,500

407 다문화 가족이 꼭 알고 있어야 손해 보지 않는 노동법
저자 법조연구회 / 19,500

408 재수삼수로 의대가기_ 수학도 결국 외운 것만 실력을 발휘한다
저자 의대입시연구회 / 19,500

409 차세대 디스플레이 관련 기업 취업을 위해 꼭 알아야 할 용어와 이슈
저자 비피기술거래 / 19,500

410 재수삼수로 의대가기_ 수학도 결국 외운 것만 실력을 발휘한다
저자 의대입시연구회 / 19,500

411 담배소매인 지정을 준비하는 사장님들이 꼭 알고 있어야 할 담배사업법
저자 법조연구회 / 19,500

412 신종 코로나바이러스 최대수혜주 6개 기업과 이슈 모르면 주식 대박 힘들다
저자 서울공대OB주식연구회 / 19,500

413 영업이 힘든 법조인을 위한 심리 위안서_ 그래도 법조인이 제일 낫다
저자 법조연구회 / 19,500

414 정보보안산업 관련 기업 취업을 위해 꼭 알아야 할 용어와 이슈
저자 비피기술거래 / 19,500

415 에너지 산업과 이차전지 관련 기업 취업을 위해 꼭 알아야 할 용어와 이슈
저자 비피기술거래 / 19,500

416 수제초콜릿 사업과 부업에 대한 가이드
저자 경제경영연구회 / 19,500

417 멀티카메라 관련 기업 취업을 위해 꼭 알아야 할 용어와 이슈
저자 비피기술거래 / 19,500

418 트렌디 마케팅 관련 기업 취업을 위해 꼭 알아야 할 용어와 이슈
저자 비피기술거래 / 19,500

419 어설퍼도 소설책이 될 만한 이북과 웹소설 빨리 쓰기 노하우
저자 컨텐츠연구회 / 19,500

420 셰일가스(Shale Gas) 최대수혜주 5개 기업과 이슈 모르면 주식 대박 힘들다
저자 서울공대OB주식연구회 / 19,500

421 1급 발암물질 미세먼지 관련 기업 취업을 위해 꼭 알아야 할 용어와 이슈
저자 비피기술거래 / 19,500

422 MLCC 최대수혜주 5개 기업과 이슈 모르면 주식 대박 힘들다
저자 서울공대OB주식연구회 / 19,500

423 기초산업소재 발포제 관련 기업 취업을 위해 꼭 알아야 할 용어와 이슈
저자 비피기술거래 / 19,500

424 코로나19 백신 개발 최대수혜주 5개 기업과 이슈 모르면 주식 대박 힘들다
저자 서울공대OB주식연구회 / 19,500

425 K뷰티 화장품 산업 관련 기업 취업을 위해 꼭 알아야 할 용어와 이슈
저자 비피기술거래 / 19,500

426 탁구장 사업의 전망과 개업을 위한 사업계획 가이드
저자 경제경영연구회 / 19,500

427 대중 수출 회복 관련 기업 취업을 위해 꼭 알아야 할 용어와 이슈
저자 비피기술거래 / 19,500

428 동호인 테니스 승리의 절대 정신 조건_ 집중력
저자 박기혁 / 19,500

429 코로나19 확산이 반도체 산업에 미치는 영향 및 고찰
저자 비피기술거래 / 19,500

430 코로나19 관련 기업 취업을 위해 꼭 알아야 할 용어와 이슈
저자 비피기술거래 / 19,500

431 개업 세무사의 경영판단 훈련_ 거절이나 승낙하기 애매한 제안에 대한 대처법
저자 세무업연구회 / 19,500

432 금융위기, 리츠(REITs) 최대수혜주 5개 기업과 이슈 모르면 주식 대박 힘들다
저자 서울공대OB주식연구회 / 19,500

433 사용후핵연료 처리기술 연구개발 동향
저자 비피기술거래 / 60,000

434 공실 상가주를 위한 해법_ 깔세, 임시세로 공실 해소하기
저자 경제경영연구회 / 19,500

435 코로나19 확산이 정유업계에 미치는 영향 및 고찰
저자 비피기술거래 / 19,500

436 BP와 함께 하는 에너지소비효율등급표시제도 가이드
저자 비피기술거래 / 25,000

437 코로나19 백신 관련 기업 취업을 위해 꼭 알아야 할 용어와 이슈
저자 비피기술거래 / 19,500

438 BP와 함께 하는 친환경농수산물 인증 취득 가이드
저자 비피기술거래 / 25,000

439 행정사와 경영지도사를 위한 BP와 함께 인증사업으로 수익 올리기
저자 비피기술거래 / 19,500

440 BP와 함께 하는 지능형건축물 인증 취득 가이드
저자 비피기술거래 / 25,000

441 BP와 함께 하는 품질경쟁력 우수기업 인증 취득 가이드
저자 비피기술거래 / 25,000

442 BP와 함께 하는 GR마크(우수재활용제품인증마크) 취득 가이드
저자 비피기술거래 / 25,000

443 BP와 함께 하는 위생안전기준 인증 취득 가이드
저자 비피기술거래 / 25,000

444 리츠(REITs) 관련 기업 취업을 위해 꼭 알아야 할 용어와 이슈
저자 비피기술거래 / 19,500

445 행정사, 경영, 기술지도사 실무를 위한 저공해자동차 인증 취득 가이드
저자 한국기술인증협회 / 25,000

446 행정사, 경영, 기술지도사 실무를 위한 방재신기술 인증 취득 가이드
저자 한국기술인증협회 / 25,000

447 행정 정책 공무원이 알아야 할 코로나 후 사회의 변화 모습과 대책
저자 비피기술거래 / 19,500

448 행정사, 경영, 기술지도사 실무를 위한 1등급 의료기기 인증 취득 가이드
저자 한국기술인증협회 / 25,000

449 행정사, 경영, 기술지도사 실무를 위한 전통식품품질 인증 취득 가이드
저자 한국기술인증협회 / 25,000

450 학원강사와 은퇴자들이여 인증관리사로 제2의 인생을 살아라
저자 한국기술인증협회 / 19,500

451 관세사의 영업 전략_ 인증대행 세미나와 네트워크
저자 한국기술인증협회 / 19,500

452 행정사, 경영, 기술지도사 실무를 위한 웹 접근성 품질인증 취득 가이드
저자 한국기술인증협회 / 25,000

453 행정사, 경영, 기술지도사 실무를 위한 소프트웨어(프로세스)품질인증 취득 가이드
저자 한국기술인증협회 / 25,000

454 동호인 테니스 허리, 무릎 다치지 않고 오래 치게 관리하는 법
저자 박기혁 / 19,500

455 경영, 기술지도사, 행정사 실무를 위한 유기가공식품 인증 취득 가이드
저자 한국기술인증협회 / 25,000

456 4050 여성 다이어트 비법_ 음식 안 남기고 다 먹으려는 생각을 버려라
저자 비피생활문화연구소 / 19,500

457 경영, 기술지도사, 행정사 실무를 위한 농산물우수관리(GAP)인증 취득 가이드
저자 한국기술인증협회 / 25,000

458 상가 공실 임대주를 위한 코로나 후 변화한 사회에 대한 대응책
저자 비피기술거래 / 19,500

459 아무 주식이나 사도 오르던 20년 5월의 증시와 경제 의미 분석
저자 증권투자법조인클럽 / 19,500

460 경영, 기술지도사, 행정사 실무를 위한 어린이제품안전인증 취득 가이드
저자 한국기술인증협회 / 25,000

461 경영, 기술지도사, 행정사 실무를 위한 HACCP 인증 취득 가이드
저자 한국기술인증협회 / 25,000

462 화장품 사업자를 위한 포스트 코로나 시대에서 살아남는 법
저자 비피기술거래 / 19,500

463 경영, 기술지도사, 행정사 실무를 위한 환경성적표지(EPD)인증 취득 가이드
저자 한국기술인증협회 / 25,000

464 포스트 코로나 시대에 유튜버와 컨텐츠 사업자가 나아갈 길은 어디인가
저자 비피기술거래 / 19,500

465 경영, 기술지도사, 행정사 실무를 위한 LOHAS 인증 취득 가이드
저자 한국기술인증협회 / 25,000

466 포스트 코로나 시대 반도체 관련 기업 취업을 위한 용어와 이슈
저자 비피기술거래 / 19,500

467 경영지도사, 행정사 실무를 위한 녹색기업 지정제도 가이드
저자 한국기술인증협회 / 25,000

468 코로나19 이후 정유업계 기업 취업을 위한 용어와 이슈
저자 비피기술거래 / 19,500

469 기술지도사, 행정사 실무를 위한 정보보호제품 평가인증 취득 가이드
저자 한국기술인증협회 / 25,000

470 이공학엔지니어를 위한 다이어트_ 자기보상을 확실히 해줘라
저자 비피생활문화연구소 / 19,500

471 회생위원이 감수한 알기 쉬운 개인회생 · 파산
저자 변호사 김민규 · 김미현 / 19,500

472 경영지도사, 행정사 실무를 위한 환경교육프로그램 지정제도 가이드
저자 한국기술인증협회 / 25,000

473 기술지도사, 행정사 실무를 위한 녹색인증 취득 가이드
저자 한국기술인증협회 / 25,000

474 경영지도사, 행정사 실무를 위한 KS인증 취득 가이드
저자 한국기술인증협회 / 25,000

475 기술지도사, 행정사 실무를 위한 녹색건축 인증 취득 가이드
저자 한국기술인증협회 / 25,000

476 경영지도사, 행정사 실무를 위한 건축물 에너지효율등급인증 취득 가이드
저자 한국기술인증협회 / 25,000

477 기술지도사, 행정사 실무를 위한 토종가축 인정제도 가이드
저자 한국기술인증협회 / 25,000

478 경영지도사, 행정사 실무를 위한 우수물류기업 인증 취득 가이드
저자 한국기술인증협회 / 25,000

479 예비탐정(민간조사자)이 개업을 준비할 때 알아야 할 필수팁 모음집
저자 탐정업연구회 / 19,500

480 기술지도사, 행정사 실무를 위한 동물복지축산농장인증 취득 가이드
저자 한국기술인증협회 / 25,000

481 소방설비기사(기계분야) 하루라도 먼저 붙게 하는 암기책
저자 소방수험연구회 / 19,500

482 경영지도사, 행정사 실무를 위한 드론인증 취득 가이드
저자 한국기술인증협회 / 25,000

483 주택관리사 시설개론 하루라도 빨리 붙게 하는 비법책
저자 주택관리사시험연구회 / 19,500

484 기술지도사, 행정사 실무를 위한 수산물품질인증 취득 가이드
저자 한국기술인증협회 / 25,000

485 경영지도사, 행정사 실무를 위한 수산물 지리적표시제도 가이드
저자 한국기술인증협회 / 25,000

486 행정공무원, 의원보좌관이 알아야 할 이슈_ 공매도 행동주의 회사들과 니콜라 주식
저자 행정정책연구회 / 19,500

487 정책 및 지방공무원이 알아야 할 수소차와 수소경제 이야기
저자 행정정책연구회 / 19,500

488 증권투자자가 알면 좋을 포스트 코로나 시대의 삶과 백신 개발의 선두주자
저자 증권투자연구회 / 19,500

489 정책 지방공무원이 알아야 할 바이든 당선과 트럼프 패배가 가지는 의미
저자 행정정책연구회 / 19,500

490 일론머스크의 명언과 삶 그리고 약간의 프랑스어
저자 비피기술거래 / 19,500

491 동호인 테니스 공격적 결정발리의 핵_ 어깨가 들어가는 발리
저자 박기혁 / 19,500

492 맞춤형 화장품 조제관리사 교과서 술술 읽히고 암기되게 하는 책
저자 자격증수험연구회 / 19,500

493 은퇴자가 강의 스트레스 없이 완벽한 강의하는 법
저자 비피기술거래 / 19,500

494 전달력이 좋은 유튜브 강의법과 2차 수익모델 기부 받는 유튜브 이야기
저자 박강사 / 19,500

495 가솔린차에서 전기차로의 대전환과 관련한 부품회사 직원 교육법
저자 기술튜터토니 / 19,500

496 특성화고 강사 교사가 모터를 재미있게 잘 강의하는 법
저자 기술튜터토니 / 19,500

497 반도체 지식이 부족한 반도체 관련 회사 일반직원을 교육시키는 법
저자 기술튜터토니 / 19,500

498 섬유공학 패션의류 교강사가 강의를 효율적으로 재미있게 하는 법
저자 기술튜터토니 / 19,500

499 회사원이나 공무원이 행정사 1차 객관식 시험 합격하는 방법
저자 행정사시험연구회 / 19,500

500 공부시간이 부족한 기술고시 수험생을 위한 필승합격법
저자 기술고시수험연구회 / 19,500

501 셀트리온 그룹 주식 매수 전 알아야 할 용어와 이슈
저자 비피기술거래 / 19,500

502 제약 바이오산업 최대수혜주 기업과 이슈 동향 분석
저자 서울공대OB주식연구회 / 19,500

503 글로벌 친환경 정책 및 산업별 동향 분석
저자 비피기술거래 / 19,500

504 삼성전자 핫 키워드와 이슈 모르면 주식 대박 힘들다
저자 서울공대OB주식연구회 / 19,500

505 수소연료전지 시스템 구성에 필요한 BOP
저자 비피기술거래 / 60,000

506 반도체 핵심 삼성전자 취업을 위해 꼭 알아야 할 용어와 이슈
저자 비피기술거래 / 19,500

507 바이오 핵심 셀트리온 그룹 취업을 위해 꼭 알아야 할 용어와 이슈
저자 비피기술거래 / 19,500

508 IT 게임업계 임직원을 위한 다이어트_ 심리학적 전략을 세워라
저자 비피생활문화연구소 / 19,500

509 감정평가사 합격 후 해야 할 일_ 전문서적 읽기와 영업론 파악
저자 감평사실무연구회 / 19,500

510 포스트 코로나 시대에 필요한 비대면 강의법
저자 비피기술거래 / 19,500

511 행정 정책 공무원이 알면 좋을 배달배송업의 현황과 미래
저자 비피기술거래 / 19,500

512 기술 행정 정책 공무원을 위한 반도체 관련 용어와 유래
저자 비피기술거래 / 19,500

513 가스기능사 필기시험 교과서 쉽고 빠르게 읽을 수 있는 법
저자 비피기술거래 / 19,500

514 의료인이 포스트 코로나 시대를 대비하여 알아야 할 사회 트렌드
저자 비피기술거래 / 19,500

515 동호인 탁구 관절 건강 지키며 즐겁게 오래 치는 법
저자 박기혁 / 19,500

516 취업난 속 인문대 졸업생에게 작사가를 추천하는 이유와 진입 가이드
저자 비피생활문화연구소 / 19,500

517 행정 정책 공무원이 알아둘 코로나로 인한 사회 변화와 코로나 백신
저자 비피기술거래 / 19,500

518 출판업 창업자를 위한 종이책과 이북 전자책에 대한 시장 분석과 가이드
저자 비피기술거래 / 19,500

519 자동차 관련 회사 임직원이 알면 좋을 미래에너지 수소와 수소차
저자 비피기술거래 / 19,500

520 상가 임대사업주의 공실 해결법_ 간판과 임시세 적극 활용하기
저자 비피기술거래 / 19,500

521 종교지도자가 숙지하면 좋을 코로나 후 우리 삶의 변화와 고찰
저자 비피기술거래 / 19,500

522 해외 주식 투자자는 이것을 알아야 한다_ 행동주의 공매도와 사례들
저자 서울공대OB주식연구회 / 19,500

523 의료인이 강의할 때 실수하는 사례 모음 및 강의 잘하는 법
저자 비피기술거래 / 19,500

524 신참법조인이 B급 전략을 안다면 개업에 성공할 수 있다
저자 법조연구회 / 19,500

525 담배소매업 개업 및 겸업 가이드와 Q_A
저자 비피기술거래 / 19,500

526 은퇴자가 증권투자를 해야 하는 이유 제시와 조언
저자 서울공대OB주식연구회 / 19,500

527 행정사 실무를 위한 전기용품 및 생활용품 안전관리법과 제도
저자 한국기술인증협회 / 25,000

528 공인중개사시험 의욕 부족한 사람 동기부여하여 합격하는 법
저자 자격증수험연구회 / 19,500

529 행정사 실무를 위한 환경측정기기 형식승인 정도검사 제도
저자 한국기술인증협회 / 25,000

530 골프 유망주가 무기력증과 우울감을 극복하여 성과 내게 도움주는 책
저자 비피교육연구소 / 19,500

531 국가과제 평가위원 활동 능숙하게 하는 법
저자 국가과제평가연구회 / 19,500